# 家常酱料
## 一本就够

杨桃美食编辑部 主编

江苏凤凰科学技术出版社

图书在版编目（CIP）数据

家常酱料一本就够/杨桃美食编辑部主编.——南京：江苏凤凰科学技术出版社，2015.7（2019.11重印）

（食在好吃系列）

ISBN 978-7-5537-4579-4

Ⅰ.①家… Ⅱ.①杨… Ⅲ.①调味酱－制作 Ⅳ.① TS264.2

中国版本图书馆 CIP 数据核字 (2015) 第 102597 号

**家常酱料一本就够**

| 主　　　编 | 杨桃美食编辑部 |
| 责 任 编 辑 | 葛　昀 |
| 责 任 监 制 | 方　晨 |
| 出 版 发 行 | 江苏凤凰科学技术出版社 |
| 出版社地址 | 南京市湖南路 1 号 A 楼，邮编：210009 |
| 出版社网址 | http://www.pspress.cn |
| 印　　　刷 | 天津旭丰源印刷有限公司 |
| 开　　　本 | 718mm×1000mm　1/16 |
| 印　　　张 | 10 |
| 插　　　页 | 4 |
| 版　　　次 | 2015 年 7 月第 1 版 |
| 印　　　次 | 2019 年 11 月第 3 次印刷 |
| 标 准 书 号 | ISBN 978-7-5537-4579-4 |
| 定　　　价 | 29.80 元 |

图书如有印装质量问题，可随时向我社出版科调换。

# 调对酱料做什么都好吃

　　家常菜要做得好吃，调味非常重要，也就是让酱料。做菜的方式基本上大同小异，不外乎炒、蒸、煮、腌、拌，而掌握了酱料调味的窍门，就可以为家常菜增色不少。想要多为家人变化菜色，与其收集各种食谱来增进厨艺，不如学习几种家常酱料，即使随便烫个青菜、肉片，淋上这些酱料就是人间美味了。

　　本书为您收集了200多种最常用酱料，并加上经典菜例的示范应用，可以充分满足大家日常三餐及家宴的需要，学会这些，您也可以做出像餐厅一样美味的家常菜了。

# 目录

## PART 1
# 热炒酱

# PART 2
# 清蒸酱

# PART 3
# 淋拌酱

## PART 4
# 蘸酱

# PART 5
# 腌酱

| 单位换算 | 固体类 / 油脂类 |
|---|---|
| | 1茶匙 = 5克 |
| | 1大匙 = 15克 |
| | 1小匙 = 5克 |
| | **液体类** |
| | 1茶匙 = 5毫升 |
| | 1大匙 = 15毫升 |
| | 1小匙 = 5毫升 |
| | 1杯 = 250毫升 |

# 制作酱料必备工具

　　调制酱料前需要准备一些基本的工具，来帮助你称量食材、处理食材，从而更精确地掌握菜品的酸甜咸辣，制作的过程也会变得更加轻松自如、得心应手。

## 量杯

　　分为树脂制、玻璃制和不锈钢制等，容量通常为200毫升。选购量杯时，要尽量挑选刻度清楚易见、耐热性高的为佳，而且计量时也要放在水平处，眼睛和刻度保持水平，这样量出来的分量才是最准确无误的！

## 剥蒜器

　　剥蒜是厨房做菜中最费时也最恼人的一件事了，偏偏蒜的美味又让人不忍割舍，有了这剥皮器就可以帮你将蒜轻松剥干净而不会满手蒜味。

## 磅秤

　　调酱时使用小型磅秤就可以了。秤量前要看一下指针是否归零，并且放在平稳的地方秤量，秤量酱料之前要记得扣掉量碗的重量。

## 量瓶

　　有盖子量瓶多了方便调酱的功能，你可以将需要的基底酱汁全部倒入后，盖上橡胶盖，上下摇匀，就轻松完成需要的酱料了。此外，用不完的酱汁也可以利用它放进冰箱保存。

**小型搅拌棒**

好拿又好握的搅拌棒可以让你轻松地调制酱料，而且也可以拿来当热饮搅拌棒，用途相当广。

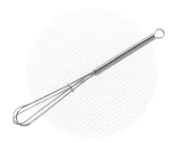

**烹调用刷**

具有耐热功能的刷毛可以让你很放心地在食材上刷蘸你想要的酱料用量。

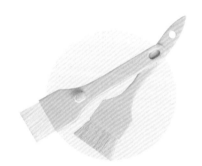

**研磨器**

可以把芝麻或种子类的基底材料磨成粉状。

**量匙**

分为大匙、小匙（茶匙）、1/2小匙（茶匙）、1/4小匙（茶匙），四件装。

**挤柠檬器**

通常调酱汁用到的柠檬汁分量都不太多，所以有了这个器具就可以轻松地挤出柠檬汁，又可以避免柠檬籽掉到酱料里，免去蘸手的麻烦。

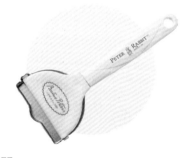

**磨泥器**

有了磨泥器，就可以轻易将难处理的大块食材磨成泥状，加入酱料里就毫不费时了。

# 制作酱料的基本材料

## 盐

一般观念中总认为盐和糖是两种截然不同的味道。其实当我们调酱料的时候，大部分只有在放了糖的情况下才会放盐。换句话说，盐是用来提味，放一点点盐，就可以让酱料里面的酸甜味更明显。酱料里的咸味大都来自酱油或其他像豆瓣酱一类的材料，加太多盐只会让酱料吃起来"死咸"，破坏酱料本身的美味。另外在调制油分比较多的酱料或是甜的酱料时，也可以放一点盐，这样油类酱料吃起来不会那么油腻可怕，甜的酱料吃起来也不会过分甜腻。另外一个用盐的原则是，如果调酱料时用的是酱油，这时要避免用盐或少用盐，以免调出来的酱料过咸。

## 甜辣酱

甜辣酱是老少咸宜的流行酱料，可当作水饺、天妇罗等清蒸、水煮食物的蘸酱。如果拿来蘸油炸食物，就会太腻。由于甜味可以缓和辣的刺激，所以甜辣酱比一般辣味酱容易入口，但是辣味留在口腔的时间较久，等到甜味过后，就会感受到辣味的后劲。好的甜辣酱，甜味、咸味与辣味三者之间要非常均衡。因为辣味会让甜味的饱和度降低，咸味则可以突显甜味，例如一样甜的酱，在没加辣以前你觉得甜得刚好，加辣之后，就会觉得没那么甜，甚至有点水水的感觉，可是只要再加进一点盐，甜味又会突显出来，感觉味道又变饱和一点。所以虽然叫作甜辣酱，但除了甜和辣以外，咸味的调和也很重要。

## 糖

调制酱料时，糖也是非常重要的材料。一般最常被拿来使用的有白糖、白糖、白糖、果糖、蜂蜜、麦芽糖等。如果酱料需要熬煮的话，最好用白糖(红白糖)，因为白糖经过熬煮后会有一种略带焦味的蔗糖香，可以让整个酱料多了一种很自然的风味。如果酱料只是加水调匀不经熬煮，白糖的效果会比较好，因为容易溶解。至于果糖，最常被用来加在一些水果调制的酱料里，比如酪梨酱或是苹果酱等，因为果糖的味道和水果酱料的味道最合。蜂蜜则大都被用来调一些带有花香或植物香味浓的酱料，比如桂花酱或芥末酱。麦芽糖因为黏性重，所以当食物需要光亮色泽时，最好用麦芽糖来调制酱料，比如广东油鸡淋酱就是很典型的酱料，利用麦芽糖的光泽和黏性，让广东油鸡看起来更油更亮。综合以上的用糖方式，大家可以掌握一个原则来决定要用哪一种糖，就是以食物想表达的风味来决定要用哪一种糖。如果我们今天制作的酱料要让食物表达出比较焦浓的糖味，最好用白糖。如果想表达出水果风味，最好用果糖，依此类推。所以用哪一种糖来调酱料，是很容易判断的。

## 甜酒酿

甜酒酿是用米发酵成的，也是一种胶状的酒母，可以用它来酿酒。在烹调上，甜酒酿的功能和米酒差不多，它可以去腥，也可以增加蔬菜的甜味，所不同的是，甜酒酿的味道更香，而它的甜味也比较适合甜食的烹调。因为酒酿会把食物里的糖分分解成酒精和一些酸性物质，所以加酒酿调制的食物，会有一股酒香以及淡淡的酸味，而这也正是它风味特殊的地方。一般我们常用甜酒酿来调味蛋、汤圆等菜肴，其实在腌酱菜的时候加一点酒酿，也是非常不错的做法，可以让酱菜更加香甜可口。

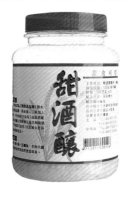

## 甜面酱

甜面酱主要是拿来拌干面用的，为了增加口感，一般会和豆干丁一起拌炒，就是一道很好的干面酱。如果和香油一起拌炒，则变成非常正统的北京烤鸭酱。就像豆拌酱一样，甜面酱只要稍加变化，马上可以变成另一种好吃的酱料。包括火锅蘸酱或者是烤肉酱这一类浓稠的酱汁，都可以考虑使用甜面酱调制。

## 沙茶酱

沙茶酱是用扁鱼、蒜、辣椒等调制而成。沙茶酱在炒的过程中，吸收了很多油，而且装罐之后，油分慢慢分离出来，所以愈新鲜的沙茶酱，看起来油分比较少，不新鲜的沙茶酱油都分离出来了，所以看起来油比较多。尤其已经打开过的沙茶酱，因为保存环境不同，所以就算使用期限相同，保存的状况还是不一样。在使用期限内，如果大部分油都分离出来，可以下锅炒香一点再使用。如果有很重的油垢味，就算还没有使用期限，最好还是不要用，因为那表示沙茶酱已经开始变质了。

## 味精

现代人说到味精，大都敬而远之，其实在酱料国度里，味精还是被大量使用的，只不过所使用的味精从传统的化学味精，转变成天然的柴鱼味精。调制酱料的时候不是直接把味精和所有材料一起调匀即可，因为柴鱼味精还是要经过烹煮才会入味。换言之，需要熬煮的酱料，才能加入味精。如果真的不喜欢味精的话，可以加入少许冰糖，和柴鱼屑及其他材料一起熬煮酱料，也可以有同样的效果。

## 麻油、香油

麻油分为白麻油和黑(胡)麻油，白麻油是白芝麻提炼而来，一般调味用的香油，就是白麻油和色拉油稀释而成的，称为小磨香油，常用在一道菜完成的时候滴几滴增加香味，或者是用来拌菜，因为蔬菜较涩的口感可以用香油改善，而香油较腻的感觉可以利用蔬菜味道的清爽来改善，两者搭配起来可以互相突显彼此的优点。胡麻油则是黑芝麻提炼而成，属性较热，一般做进补用。

## 红辣椒酱

红辣椒酱算是最正统的辣酱，我们平常所称的辣椒酱就是这种。它的制作方法也非常简单，首先把红辣椒清洗干净、擦干，然后用果汁机打成浆状就可以了。这种辣椒酱因为辣味较强，且没什么香气，所以感觉比较粗糙。但也因为味道单纯，所以当我们调制酱料的时候，不想让辣椒以外的调料味道干扰到我们的调味时，红辣椒酱就成了非常不错的选择。目前市面上的红辣椒酱很多都加了调味，在选择的时候还是尽量以没有调味的最好。

## 西红柿、番茄酱

西红柿在西方菜中，包括意大利菜、墨西哥菜等，都是经常使用到的调料，相反地，国人就比较常用番茄酱。这是因为西方菜品习惯把西红柿当作调理蔬果，而我们却习惯直接把西红柿拿来作调味用。新鲜的西红柿带有自然的香味和甜味，有提鲜的作用，同时也可以缓和其他调料对舌头的刺激，只要在酱中加进西红柿，就不会有"死咸"或甜得过腻的感觉。至于番茄酱就不是这么一回事了。因为番茄酱已经调过味，所以西红柿本身的风味反而不明显，在酱料中使用番茄酱，最主要是为了制造酱料的浓稠感，其次是为了调色。红红的酱色，总是可以让人胃口大开。

## 面粉

面粉是西方人用来勾芡的粉，和大米粉、淀粉一样，可以增加酱料的黏稠感。面粉的勾芡不如大米粉、淀粉那么黏稠，不过它不容易还水，也就是勾芡之后，水和粉分离的速度比较慢。像一般的玉米浓汤，如果用面粉勾芡，隔天看还是浓汤的样子，如果用其余的粉勾芡，就容易分离成有一层较浓的羹和另外一层较稀的水。面粉勾芡一般在西式菜品中才用，中式菜品若使用面粉勾芡，较不容易表现酱汁原色及明亮感。西式酱料经常使用蔬果为素材，用面粉特有的香气和滑润感来调和各种素材的味道，效果不错。

## 酒

在调制酱料的时候有画龙点睛的功能。其实醋或是味淋本身就已经有酒的效果，再加入酒会让整个酱料发酵的感觉更重。一般我们在调制酱料时常用的酒是米酒和葡萄酒两种，通常和肉或鱼类有关的酱料可以加一点米酒，让肉吃起来有米发酵的香味，同时也能减少鱼或肉的腥味。另外，葡萄酒多用在和蔬菜有关的酱料，可以增加蔬菜的甜味。比如意大利面酱里面放的白酒，可以让面酱里的西红柿吃起来不那么酸，有一点甜味。

## 芥末酱

芥末酱是日本菜常见的调料，它是以山葵为原料制造而成。因为山葵的栽种对山林生态保育的伤害很大，所以有很多保育团体都反对山葵的栽种。现在大部分的芥末都不是天然山葵制成，可能和种植山葵破坏环境甚巨有关。芥末因为一次的用量不大，所以通常都用软管包装，需要的时候，挤压一点出来即可，以利保存。如果不是软管包装，可以加一点米酒稍微拌湿，避免干掉，会比较容易保存。芥末的使用范围其实比我们想象中来得广。除了拌凉面、配关东煮以外，包括沙拉酱在内的一些酱料，其实也都可以加一些芥末进去。它是很多厨师都喜欢的一种调料。

## 沙拉酱

沙拉酱可以用于面包、土司的调味，也可当作沙拉的底酱，用途相当多样。沙拉酱的材料是以蛋黄和色拉油为主，制作时，像一般制作沙拉一样，要大量打入空气，才能作出膨膨的口感。有些人会在拌好沙拉酱之后加入少许热开水，目的是利用开水的热度，让蛋黄稍微变硬，让沙拉酱吃起来更有口感。另外也有人利用柠檬汁增加香味，同时也可以让沙拉酱的颜色变白。

## 蚝油

蚝油腥味较重，所以拿来制作酱料的时候一定要加入重口味的配料，比如蒜、葱或是豆豉等。当然糖也是少不了的，因为糖可以中和少许蚝油所带来的咸腥味。利用蚝油所制成的酱料有很重的海鲜味，比较适合用于肉类或鱼类的调味，若是拿来用于蔬菜或面食调味，蔬菜或是面食本身的味道就会被完全盖住，反而吃不出食物的味道。

## 大米粉、淀粉

有许多酱料需要加入大米粉一起熬煮，让整个酱料呈现像酱糊一样的糊状；也有许多酱料需要加入淀粉勾芡，让整个酱料呈现透明的黏稠感。这两种粉最大的差别在于黏稠度，大米粉的口感比较松，淀粉的口感比较紧比较劲道。所以一般小吃的蘸酱都是用大米粉，因为要蘸取比较容易；淀粉则一般多用在拌炒烩酱(也就是烩饭或是烩面的酱)，因为烩酱里面有许多蔬菜和肉片，用淀粉比较不会散成一片。

## 芝麻酱

芝麻酱本身除了芝麻的香味以外，并没有什么味道，所以必须经过调味，才能够拿来当作调味的酱料。一般我们最常用到芝麻酱，就是制作麻酱面的淋酱，它是把芝麻酱经过简单的调味制作而成。面食本身也是比较没有味道的食物，和芝麻酱搭配非常适合，不会掩盖芝麻的香味。如果要把芝麻用于海鲜或肉类的调味，就不能做成酱，直接把颗粒状的芝麻加热，烤出香味，才比较有增香的效果。

## 胡椒粉

胡椒粉是胡椒果实干燥后磨成的细粉或粗粒，是最常使用的辛香料粉之一，味道辛辣，有特殊香气。胡椒粉分为白胡椒粉和黑胡椒粉，风味略有差异。中餐较常使用白胡椒粉，它适合调制浅色的酱汁，黑胡椒粉则是西餐的常客。黏稠的酱料如果加入颗粒较粗的胡椒粒，吃起来就会有特殊的嚼感。水性酱料如果要加胡椒粉的话，最好加颗粒很细的胡椒粉末，因为粉末可以完全溶解，让胡椒味道均匀遍布整个酱料。水性酱料如果加的是颗粒较粗的胡椒粒，胡椒粒容易沉淀在底部，形成浪费。

## 柠檬汁

它特有的酸味和清新感，常常被用来调制一些油腻食物的蘸酱。柠檬的酸性可以分解油脂，如果把它拿来当作蘸酱，可以去油腻；而如果把柠檬汁加进腌料里，肉块经过腌渍之后，分布在肉里面的脂肪也会软化，吃起来肉质会比较嫩。除了去油腻、软化肉质以外，柠檬也可以去腥，一般我们会在海鲜上面挤几滴柠檬汁就是这个原因。其实在某种程度上，柠檬和醋的功能非常相近，只不过味道不太一样，我们有时候也可以将这两样东西混用，例如做泡菜的时候，除了用醋，也可以加一些柠檬汁，就是另一种风味的泡菜了。另外，我们常听到有人称柠檬为"莱姆"，其实这是两个不同品种的柠檬。莱姆比较小，汁多皮薄，果肉呈绿色，比较酸，也比较贵；柠檬较大，皮较厚，果肉颜色偏黄。不管是莱姆汁或柠檬汁，都可以拿来涂在水果刀上，切苹果或其他会变褐色的水果时，就可以防止变色。

## 味噌

味噌在日式菜肴中是很重要的调味材料。因为制作材料不同，味噌分为豆类味噌、米类味噌和麦类味噌三大类。另外在口味方面，还分为甜味、淡味、辣味等。在日本，因为各家制作秘诀的不同，林林总总发展出上百种不同口味，可见味噌真是日本人的魔力食物。如果你曾经利用味噌来调酱料的话，你就会惊讶味噌的方便实用。味噌加一点糖、番茄酱和姜泥，就可以做出一份好吃的烫花枝鱿鱼蘸酱。味噌酱料大多数用在鱼类调味，所以有海鲜菜的话，不要忘了利用冰箱里剩下的味噌。利用味噌的时候不要忘了加糖或是蜂蜜，因为甜味可以引出味噌的香味。

# 如何让家常菜更好吃

### 诀窍1　热炒酱

在食材炒至半熟时，倒入调好的酱料，迅速拌炒入味即可起锅，可保持肉质软嫩或蔬菜的青脆度。若是在热炒时，分多次加入多种调料，加热时间会延长，容易让食材过熟。

### 诀窍2　清蒸酱

鱼类、海鲜类菜肴，想吃得清爽少油、软嫩多汁，用蒸的烹饪方式准没错。清蒸菜要做得好吃，只要在食材上淋上适量的酱汁，蒸熟后食材就能入味了，是制作过程相当轻松的无油烟的做菜方法。

### 诀窍3　腌酱

通常肉类和海鲜类食材加入酱料先腌渍10～20分钟，就能充分入味和上色，腌酱另外也会加入去腥作用的辛香料，或是让肉质滑嫩的淀粉，腌渍好后再炒、炸、煎或烤都更好吃。

### 诀窍4　蘸酱

想吃食材的原汁原味，用滚水汆烫过再以蘸酱的方式食用，最能展现食材的新鲜；可根据家人的不同喜好，多准备几种风味蘸酱，随便烫个青菜、肉片，也能轻松满足每一张挑剔的嘴。

### 诀窍5　淋拌酱

吃凉拌菜最需要对味的酱料来做调味了，只需将调好的酱料淋在生鲜食材或汆烫好的食材上，食用前拌一拌，使酱汁充分包覆在食材上，即可让菜的口感和味道都变得丰富。

# PART 1

## 热炒酱

酱料调得对味，就能轻松做出美味热炒！经典热炒酱配方全收录，好菜轻松上桌。

# 热炒菜的美味秘诀

诀窍1 **汆烫去腥**

肉类本身有股腥味，烹煮时如果只洗净就下锅，就会将腥味带进菜中，因此，事先汆烫可以去除肉类或海鲜多余的脂肪、血水和腥味。在汆烫时也可以在锅中放入葱段、姜片或是米酒，去腥效果更佳。

诀窍3 **腌渍入味**

腌渍除了调味的作用外，腌料里还带有一些液态或油脂类的调料，将肉腌过后可以保持肉的鲜嫩，此外有些腌料当中也会加入淀粉，可以帮助锁住肉汁，避免热炒时让肉变得干涩。肉类也可以先切成块或片，除了更容易入味，也更节省烹调时间。

诀窍5 **快速翻炒**

海鲜、肉类不能煮太久，以免肉质变得又老又干，所以大火快炒时不只油量要足，还得先将葱、姜、蒜等辛香料先下锅爆香，产生香气后，再放入主要的食材，此时锅有一定的热度，主要食材多经过汆烫或过油的前处理，迅速翻炒数下再加入调料拌炒均匀入味即可起锅。

诀窍2 **过油鲜嫩**

海鲜可以蘸干粉后过油，让肉质表面收缩、锁住鲜味，食材本身的水分也不会流失。肉菜也可以在腌渍后过油，就能先入味且口感不易干涩，还可以将食材肉汁锁定并定型，翻炒后就不容易破碎。过油之后再做其他的二次烹调。

诀窍4 **爆香顺序**

辛香料和酱料都是让香气更提升的秘诀之一，通常青葱、姜、蒜、辣椒在热锅中爆炒就会产生香气，但不能太久以免烧焦产生苦味。而罗勒、韭菜、芹菜这类食材，则是起锅前再加入即可。另外，有些调料也可以先爆香，风味会更浓郁，例如辣椒酱、豆瓣酱。

诀窍6 **汤汁收干**

快炒类菜肴在烹调上最忌讳就是加入过多汤汁或是锅中留下太多汤汁，因为这就表示调味的精华没有让食材吸收，或者是水分未蒸发完全，食材和烹调没有互相作用，食材本身的鲜甜就出不来。因此，烹调时要尽量将锅中的汤汁收干，菜肴才能好吃又入味。

# 鱼香酱

用途：可以用于制作鱼香茄子、鱼香烘蛋、鱼香豆腐等。

## 材料
蒜末50克，姜末30克，豆瓣酱1/2杯，红辣椒酱1/2杯，绍兴酒1/4杯，白醋1杯，白糖6大匙，水1杯

## 做法
1. 将豆瓣酱、红辣椒酱、绍兴酒放入果汁机中打碎打匀，备用。
2. 热锅，加入少许油，以小火炒香蒜末、姜末，续加入做法1的材料，炒至油色变红且略有焦香味，再加入白醋、白糖、水翻炒至酱汁滚沸，即为鱼香酱。

示范菜谱

# 鱼香茄子

## 材料
茄子250克，猪肉末30克，葱花20克，蒜末10克，姜末10克

## 调料
水50毫升，鱼香酱4大匙，香油1茶匙

## 做法
1. 茄子洗净后切长滚刀块状。
2. 热锅，倒入约300毫升油烧热至约180℃，放入茄子块炸约1分钟后，捞起沥干油分。
3. 另起锅烧热，倒入1大匙油，以小火爆香葱花、蒜末及姜末。
4. 放入猪肉末炒至散开后，加入炸好的茄子炒至香味散出，再加入水、鱼香酱，炒至汤汁略收干后，洒上香油即可。

# 宫保酱

用途：酸甜咸辣兼具的重口味热炒酱，可以用来制作宫保鸡丁、宫保皮蛋、宫保虾仁、宫保鱿鱼等。

## 材料

| | | | |
|---|---|---|---|
| 蒜 | 30克 | 蚝油 | 2大匙 |
| 红辣椒 | 2个 | 番茄酱 | 1大匙 |
| 色拉油 | 1大匙 | 白糖 | 2大匙 |
| 酱油 | 1/2杯 | 默林辣酱油 | 2大匙 |
| 水 | 1杯 | 米酒 | 4大匙 |
| | | 白醋 | 1大匙 |

## 做法

1. 红辣椒及蒜洗净后用菜刀拍松。

2. 热锅，倒入1大匙色拉油，以小火爆香做法1的蒜及红辣椒至微焦，再加入其余所有材料煮开。

3. 续煮约2分钟后关火，用细滤网滤去渣即为宫保酱。

# 宫保虾球

## 🦐 材料

| | |
|---|---|
| 虾仁 | 120克 |
| 干辣椒 | 10克 |
| 姜 | 5克 |
| 葱 | 10克 |
| 去皮熟花生 | 30克 |

## 🧂 调料

**A**

| | |
|---|---|
| 盐 | 1/8茶匙 |
| 蛋清 | 1茶匙 |
| 淀粉 | 1茶匙 |

**B**

| | |
|---|---|
| 宫保酱 | 4大匙 |
| 淀粉 | 1/2茶匙 |
| 米酒 | 2大匙 |
| 香油 | 1茶匙 |

## 🍳 做法

1. 虾仁洗净、沥干水分后，用刀从虾背划开(深约至1/3处)，用调料A抓匀腌渍约2分钟；姜洗净切丝；葱和干辣椒洗净切段备用。
2. 将宫保酱加入淀粉调匀成兑汁备用。
3. 热锅下3大匙色拉油，小火爆香葱段、辣椒段、姜丝及宫保酱后，放入虾仁大火快炒至虾仁变白。
4. 加入米酒炒匀，边炒边将兑汁淋入炒匀，再加上花生及香油即可。

# 糖醋酱

用途：相当开胃，可以运用于糖醋里脊、醋溜鱼片、糖醋鱼、糖醋排骨等热炒菜。

### 材料
洋葱50克，蒜20克，红辣椒1个，水2杯，白醋1杯，番茄酱1杯，陈醋1杯，白糖1.5杯，盐1茶匙

### 做法
1. 洋葱洗净切丝，蒜及红辣椒洗净切片，和水一起放入锅中，盖上锅盖，小火煮约5分钟后捞去渣，约剩半杯汤汁。
2. 将其余材料加入汤汁中煮至滚沸，即为糖醋酱。

# 糖醋排骨

### 材料
排骨块300克，洋葱30克，红、黄甜椒100克

### 调料
Ⓐ 盐1/6茶匙，淀粉1茶匙，米酒1大匙，蛋清1茶匙
Ⓑ 糖醋酱80毫升，水淀粉2茶匙，香油少许，淀粉100克

### 做法
1. 将排骨块洗净，放入容器中，加入调料A抓匀腌渍5分钟备用；洋葱及甜椒洗净后切小块备用。
2. 将腌好的排骨裹上淀粉并捏紧。
3. 热锅，倒入约400毫升油烧至160℃，将排骨下锅以小火炸约6分钟，至熟后捞起沥干油。
4. 另起锅烧热，加入少许油，将洋葱及甜椒放入锅中略翻炒，再倒入糖醋酱，转小火煮滚后，用水淀粉勾芡，再放入腌好的排骨迅速翻炒至芡汁完全被吸收，熄火洒上香油拌匀即可。

示范菜谱

# 麻婆肉燥酱

用途：适合搭配口味清淡的蔬菜、菇类和豆腐，或是作为川菜的调味酱，比如麻婆豆腐和五更肠旺。

### 材料
五花肉馅150克，葱末10克，蒜末10瓣，姜末40克，花椒10克，水800毫升，辣豆瓣酱5大匙，酱油2大匙，白糖1大匙，米酒50毫升

### 做法
❶ 锅烧热，加少许油，放入葱末、蒜末、姜末炒香，再加入五花肉馅炒香。

❷ 续加入其余所有材料，煮约10分钟即可。

---

示范菜谱

# 麻婆豆腐

### 材料
嫩豆腐1盒，葱1根，姜10克

### 调料
麻婆肉燥酱3大匙，酱油少许，香油1小匙，辣油1小匙

### 做法
❶ 葱、姜洗净，切末；嫩豆腐切成小丁状备用。

❷ 锅烧热，加少许油，放入葱末、姜末炒香。

❸ 再加入做法1的豆腐丁和所有调料煮匀即可。

# 腐乳味噌酱

用途：适合酱爆或干烧等烹调方式，做出咸香下饭的菜色，最适合作为鸡肉菜、根茎类蔬菜的调料。

### 材料
豆腐乳100克，味噌50克，姜末20克，水300毫升，蒜末20克，酱油2大匙，白糖4大匙，酒100毫升

### 做法
❶ 将豆腐乳和味噌放入果汁机搅碎。

❷ 锅烧热，加少许油，放入蒜末和姜末炒香，倒入做法1的材料、水、酱油、白糖和酒煮10分钟即可。

示范菜谱

# 腐乳味噌鸡柳

### 材料
鸡胸肉150克，青椒40克，洋葱20克，胡萝卜10克

### 调料
腐乳味噌酱1大匙，料酒1大匙，酱油1小匙，香油1大匙

### 腌料
盐适量，胡椒粉适量，香油适量，料酒适量，淀粉适量

### 做法
❶ 青椒、洋葱、胡萝卜均洗净切成宽条状备用。

❷ 鸡胸肉洗净去皮切成条状，加入所有腌料一起拌匀。

❸ 油锅烧热，放入腌好的鸡肉略炸，捞起。

❹ 锅中留少许油，放入青椒条、洋葱条、胡萝卜条炒香，再放入炸好的鸡肉爆炒，最后加入所有调料炒匀即可。

# 三杯酱

用途：制作三杯菜品的专用热炒酱，除了大家所熟知的三杯鸡、三杯中卷等菜色，也可以制作三杯杏鲍菇等热炒蔬菜。

### 材料
酱油200毫升，白糖100克，辣豆瓣酱50克，水200毫升，米酒200毫升，白胡椒粉1大匙，甘草粉1大匙，姜片50克，色拉油3大匙

### 做法
❶ 热锅，加入色拉油和姜片爆香。

❷ 加入辣豆瓣酱以小火炒约2分钟至香味溢出。

❸ 再加入其余的材料煮至滚沸后，改小火煮滚约1分钟后关火，取滤网将三杯酱中的残渣滤掉即可。

# 三杯杏鲍菇

示范菜谱

### 材料
杏鲍菇300克，姜50克，红辣椒2个，蒜片20克，罗勒20克

### 调料
三杯酱4大匙，胡麻油2大匙，米酒2大匙，水1大匙

### 做法
❶ 杏鲍菇洗净切滚刀块状；姜洗净切片；红辣椒洗净剖半；罗勒挑去粗茎洗净，备用。

❷ 热一锅油，以大火将杏鲍菇炸至外观呈金黄色，捞起沥油。

❸ 锅洗净烧热，加入胡麻油以小火爆香蒜片、姜片和红辣椒，放入做法2的杏鲍菇块和其余的调料，以大火煮至滚沸后，持续翻炒至汤汁略收干，再加入罗勒略拌炒即可。

# 红烧汁

用途: 增加菜品咸香甘甜的味道,让食材外观更为红润可口。

### 材料
陈醋50毫升,酱油200毫升,蚝油200毫升,葱段50克,白糖100克,米酒200毫升,甘草粉2大匙,姜片50克,蒜片30克

### 做法
① 热锅,加入少许油（材料外）以小火炒香葱段、姜片和蒜片炒至微焦黄。
② 续加入其余的材料煮滚,转小火煮滚约1分钟后关火。取滤网将红烧汁的残渣滤掉即可。

# 红烧家常豆腐

### 材料
老豆腐300克,肉丝30克,葱丝10克,姜丝10克,红辣椒丝5克

### 调料
红烧汁50毫升,水50毫升,水淀粉1小匙,香油1/2小匙

### 做法
① 豆腐切成厚约1厘米、长约3厘米的片状。
② 热锅,加入1大匙色拉油（材料外）,放入豆腐片煎至两面金黄色,盛起备用。
③ 续于锅中加入1大匙色拉油（材料外）,以小火爆香葱丝、姜丝和红辣椒丝后,放入肉丝炒至变白散开,再加入红烧汁和水翻炒。
④ 续放入煎好的豆腐以小火煮约2分钟后,用水淀粉勾芡,淋上香油即可。

示范菜谱

# 味噌烧酱

用途： 可用来爆炒鱿鱼、花枝，也可作为水煮鱿鱼、花枝的蘸酱。

### 材料
味噌2大匙，甜辣酱2大匙，海山酱1大匙，姜汁1大匙，白糖1大匙，热开水2大匙，香油1大匙

### 做法
❶ 将白糖倒入热开水中搅拌至溶解。

❷ 再加入其余材料调匀即可。

# 豆豉酱

用途：可用来热炒各式肉类、海鲜。

### 材料
豆豉2大匙，干葱2颗，蒜2瓣，白糖1/4茶匙，色拉油2大匙

### 做法
❶ 豆豉洗净剁碎；干葱、蒜洗净剁碎备用。

❷ 热油锅，用小火略炒香干葱末及蒜末。

❸ 倒入豆豉末及糖一起翻炒，炒至香味出来即可。

# 花椒汁

用途：可用来炒螃蟹、海鲜等。但此酱口味较重，若不喜欢味道太重，可以酌量减少花椒的用量。

### 材料
酱油1大匙，高汤1大匙 ，白醋1/2茶匙，白糖1/4茶匙，味精1/8茶匙，花椒粉1/8茶匙，淀粉1/4茶匙

### 做法
将所有材料混合拌匀均匀即可。

# 红葱肉酱

用途：适合炒饭、炒面、拌饭、拌面，也可以用来做客家咸汤圆和客家粄条的调味酱。

### 📋 材料
肉馅150克，红葱酥100克，蒜末40克，水500毫升，酱油50毫升，酒3大匙，五香粉1小匙

### 📋 做法
① 锅烧热，加少许油，放入肉馅下锅干煸，续放入红葱酥和蒜末下锅炒香。

② 再加入酱油、酒、五香粉和水拌炒均匀即可。

---

示范菜谱

# 红葱肉酱豆腐

### 📋 材料
老豆腐2块，葱2根

### 📋 调料
红葱肉酱2大匙，水150毫升，酱油1大匙

### 📋 做法
① 葱洗净切长段；老豆腐切厚片备用。

② 取一不粘锅，加少许油，放入做法1的老豆腐煎至两面金黄。

③ 续加入水、调料和葱段稍微炒匀，煮至汤汁略收干即可。

**料理贴士**　这道菜一定要选用老豆腐，水分少、质地较硬，适合用油煎。嫩豆腐由于水分过多，不但煎不黄，下锅翻面也容易破碎，无法定形。

# 辣豆瓣酱

用途：具有豆类和谷类发酵后的特殊香气，豆瓣酱的咸香再搭配甜酒酿，常用来做辣豆瓣鱼，或是搭配干烧、酱爆等烹调方式来做菜。

**材料**
豆瓣酱6大匙，辣椒酱3大匙，酱油1大匙，甜酒酿1大匙，白糖1/2小匙，陈醋少许，米酒2大匙

**做法**
将所有材料搅拌均匀，即成辣豆瓣酱。

# 干锅鸡

**材料**
白斩鸡1/2只，蒜苗片20克，洋葱片100克，芹菜段50克，姜片20克，干辣椒段10根，啤酒1/2瓶

**调料**
辣豆瓣酱1大匙，蚝油1茶匙，酱油1茶匙，白糖1茶匙

**腌料**
盐1/4茶匙，酱油1/2茶匙，淀粉2茶匙

**做法**
1. 白斩鸡洗净剁成块状，加入全部的腌料混合拌匀备用。
2. 取锅加入2大匙油，放入做法1的鸡块煎至外观呈金黄色，盛起。
3. 续于做法2锅中放入姜片和干辣椒段略炒后，加入辣豆瓣酱和做法2的鸡肉以小火炒约1分钟。
4. 续加入啤酒和其余调料，以小火煮约10分钟后，加入蒜苗片、芹菜段和洋葱片炒约1分钟即可。

示范菜谱

# 高升排骨酱

用途：除了可以用来做高升排骨外，以类似三杯的做法，烹煮鸡肉、小卷等，也相当美味。

### 🍲 材料
料酒1大匙，白糖2大匙，陈醋3大匙，酱油4大匙，水5大匙

### 📋 做法
将所有的材料熬煮到微成浓稠状即可。

注：高升排骨酱是因做法而得名，1大匙酒、2大匙白糖、3大匙醋、4大匙酱油、5大匙水，有步步高升的含义，所以称之为高升排骨酱。

# 橙汁排骨酱

用途：可用来做橙汁排骨、橙汁鱼排等。

### 🍲 材料
Ⓐ 水6大匙，盐1小匙，白糖3大匙，橙子汁1/2杯 Ⓑ 洋葱1/4个，红甜椒1个，西红柿1/2个，蒜末10瓣，菠萝2片（切丁），香菜3根 Ⓒ 吉士粉少许，香油少许

### 📋 做法
❶ 将材料B炒香后加水煮30分钟，滤掉残渣，并将汤汁倒入其余材料A中。

❷ 最后于做法1中加入吉士粉及香油拌匀即可。

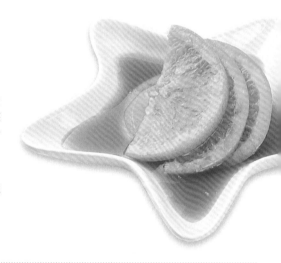

# 醋溜鱼酱汁

用途：可用于做醋溜鱼等。

### 🍲 材料
Ⓐ 番茄酱1/2杯，柠檬汁1个，白糖2大匙 Ⓑ 凉开水1杯，淀粉1大匙 Ⓒ 麻油1大匙

### 📋 做法
❶ 将材料A置于容器中，隔水加热至糖全部溶化。

❷ 将材料B调溶化后，加入做法1的材料一起用小火熬煮到浓稠。记住要一边煮一边搅拌，以免烧焦，等熬煮到浓稠后，离火加入麻油搅拌均匀即可。

# 米酱

用途：可用于焖粉肝、烫猪肝，或是粽子蘸酱、蘸鹅肉等。

### 材料
大米粉2大匙，酱油3~4大匙，白糖2~3大匙，水2杯，盐适量，甘草粉少许

### 做法
将所有材料放入锅中，调匀煮开放凉即可。

注：一般米酱是放凉了使用，但米酱一放凉就会变得更浓稠，所以不要煮得太过浓稠，以免凉了不好使用。

# 爆香调味酱

用途：可作为食物蘸酱，或用来拌炒青菜、肉片，多做可放冷藏备用。

### 材料
葱2根，蒜5瓣，蚝油1大匙，香油1小匙，红辣椒1小匙，白糖1.5小匙，粗胡椒盐2小匙

### 做法
❶ 葱洗净切成1厘米长的小段；蒜拍打成粗丁状；红辣椒依个人喜好切成适当大小后，用热油炸成金黄略焦状，不可太焦黑。
❷ 将做法1所有材料和其余材料拌匀即可。

# 软煎肉排酱

用途：软煎鱼或者软煎猪肝，都可以用这道酱料。

### 材料
辣椒酱1/2杯，酱油2大匙，白糖1大匙，味淋1大匙，香油1大匙，高汤1/2杯

### 做法
将所有材料混合拌匀即可。

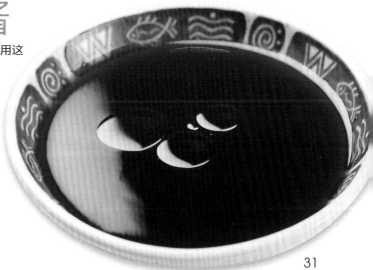

# 蒜味腐乳酱

用途：适合做蔬菜和鸡肉的热炒酱或凉拌酱。

**材料**
Ⓐ 豆腐乳2块，香油1小匙，白糖1小匙，辣油1小匙，开水150毫升　Ⓑ 水淀粉适量　Ⓒ 蒜碎30克，姜碎10克，葱碎10克

**做法**
取一炒锅，先倒入1小匙色拉油烧热，再加入蒜碎、姜碎、葱碎以中火爆香，再加入所有材料A搅散煮滚，最后加入水淀粉略勾薄芡即可。

# 腐乳豆干鸡

**材料**
黄豆干4片，去骨鸡腿排1片，土豆1个，胡萝卜30克

**调料**
蒜味腐乳酱2大匙，水适量

**做法**
1 将去骨鸡腿排切成小块状，洗净备用。
2 土豆和胡萝卜去皮洗净切小块；黄豆干洗净切小块。
3 取一炒锅烧热，加入少许色拉油，再放入做法1、2的材料，以中火先爆香。
4 续加入所有调料炒均，盖上锅盖，以中火焖煮至食材熟软即可。

示范菜谱

# 黑椒汁

用途：黑椒汁适合制作中式菜品的肉类和海鲜类。

## 材料
粗黑胡椒粉100克，芹菜30克，蒜50克，洋葱100克，无盐奶油60克，陈醋50毫升，蚝油100毫升，白糖100克，番茄酱100克

## 做法
1. 芹菜、蒜和洋葱洗净切成碎末备用。
2. 热锅，放入无盐奶油和做法1的材料，以小火炒约3分钟至材料变软。
3. 加入粗黑胡椒粉炒至香味溢出。
4. 加入其余的材料翻炒至滚沸即可。

示范菜谱

# 黑椒炒三鲜

## 材料
鱼肉50克，鱿鱼50克，虾仁50克，青椒40克，姜末5克，葱段30克，红辣椒片10克

## 调料
A 水1小匙，淀粉1小匙，盐1/4小匙，米酒1小匙，蛋清1大匙 B 黑椒汁3大匙，水淀粉1小匙，香油1小匙

## 做法
1. 鱼肉洗净切成厚约0.3厘米的片状；鱿鱼洗净切花刀后，切小片；青椒洗净切片。
2. 虾仁洗净后剖开背部，加入混合拌匀的调料A中抓匀备用。
3. 将鱼肉、虾仁和鱿鱼片放入滚水中汆烫10秒后，取出冲冷水，捞起沥干。
4. 热锅，加入2大匙色拉油（材料外），以小火爆香姜末、葱段和红辣椒片，放入青椒片略翻炒，续加入黑椒汁炒匀，再放入做法3的食材以大火快炒10秒后，用水淀粉勾芡，淋入香油炒匀即可。

# XO酱

用途：以多种海鲜类食材和辣椒混合制作成的调味酱汁，口味鲜香辛辣，非常适合用来拌面、拌饭。源自于香港高级酒店的菜肴，配方没有一定的标准，主要材料一般都有干贝、虾米及辣椒，每家餐厅都有自己的私房配方。这道XO酱食材较为简单，家庭自制较容易。适合拌饭、拌面，或是炒青菜、鸡肉、生干贝等味道清淡的食材，增加菜品风味。

## 材料

| | |
|---|---|
| 干贝 | 150克 |
| 虾米 | 150克 |
| 蒜末 | 150克 |
| 蚝油 | 2大匙 |
| 朝天椒 | 150克 |
| 壶底油精 | 1瓶 |
| 米酒 | 1瓶 |
| 橄榄油 | 1000毫升 |

## 做法

1. 将干贝和虾米各用1/2瓶米酒浸泡一夜，沥干后将干贝剥丝备用。

2. 朝天椒洗净切成1~2厘米长的段。

3. 起油锅，用少许油将干贝丝炒至金黄色，再放入虾米拌炒。

4. 继续加入蒜末、朝天椒一起炒，再倒入壶底油精和蚝油一起拌炒，最后将橄榄油倒入直到淹过所有材料，煮至滚开起泡，即可熄火。

5. 酱料须放至全凉才可装瓶放入冰箱冷藏。

# XO酱炒鸡肉

## 材料

| | |
|---|---|
| 鸡胸肉 | 200克 |
| 黄瓜块 | 25克 |
| 红甜椒片 | 20克 |
| 葱 | 5克 |
| 蒜 | 3克 |

## 调料

| | |
|---|---|
| XO酱 | 1大匙 |
| 盐 | 1小匙 |
| 香油 | 1小匙 |
| 鸡精 | 1小匙 |

## 做法

1. 将鸡胸肉洗净切小丁备用。

2. 蒜洗净，切片状；葱洗净，切小段备用。

3. 起一个炒锅，将XO酱以小火先爆香，加入做法1的鸡肉丁炒香，再加入做法2的材料、红甜椒片、小黄瓜块与其余调料一起翻炒均匀即可。

# 咖喱酱

用途：可用于做咖喱鱼头、咖喱粉丝煲或咖喱牛肉等。

### 材料
咖喱粉200克，洋葱100克，蒜50克，红葱头30克，椰汁200毫升，盐1小匙，白糖3大匙，无盐奶油60克，色拉油80克

### 做法
1 洋葱、蒜和红葱头洗净切碎备用。
2 热锅，加入无盐奶油、色拉油和做法1材料炒软。
3 加入咖喱粉以小火炒香。
4 再加入椰汁、盐和白糖翻炒均匀至滚沸即可。

# 咖喱炒牛肉

示范菜谱

### 材料
牛肉180克，洋葱末50克，姜末5克，红辣椒末20克

### 调料
A 淀粉1小匙，酱油1小匙，蛋清1大匙
B 咖喱酱1.5大匙，水2大匙，蚝油2小匙，水淀粉1小匙，香油1小匙

### 做法
1 牛肉洗净切条后，放入混合拌匀的调料A中腌约20分钟备用。
2 热锅，加入2大匙色拉油（材料外），放入做法1的牛肉条大火快炒至牛肉表面变白即捞起。
3 锅洗净烧热，加入1大匙色拉油（材料外），以小火爆香洋葱末、姜末和红辣椒末后，加入咖喱酱、水和蚝油炒匀，再加入做法2的牛肉条大火快炒10秒，加入水淀粉勾芡炒匀后，淋入香油即可。

# 蚝酱

用途：适合做虾蟹、贝类菜肴的调料，如酱炒蛤蜊、酱爆花蟹等。

### 材料
陈皮2片，蒜10瓣，红葱头8颗，海鲜酱5大匙，芝麻酱1大匙，柱侯酱2大匙，高汤50毫升，色拉油100毫升

### 做法
1. 把陈皮泡开水5分钟后，捞起切碎；蒜及红葱头洗净切碎备用。
2. 取一锅加热至约90℃，加入100毫升色拉油以小火爆香蒜末及红葱末后，再加入海鲜酱、芝麻酱及柱侯酱炒香，最后加入高汤及陈皮末煮开后，续以小火再煮约3分钟至浓稠即可。

示范菜谱

# 蚝酱炒蛤蜊

### 材料
蛤蜊500克，姜20克，红辣椒2个，蒜6瓣，罗勒20克，葱适量

### 调料
A 蚝酱2大匙，白糖1/2茶匙，米酒1大匙　B 水淀粉1茶匙，香油1茶匙

### 做法
1. 将蛤蜊用清水洗净；罗勒挑去粗茎并用清水洗净沥干；姜洗净切成丝状；蒜、红辣椒洗净切成片状；葱洗净切成段状备用。
2. 取锅烧热后加入1大匙色拉油（材料外），先放入姜、蒜片、红辣椒片、葱段爆香，再将蛤蜊及所有调料A放入锅中，转中火略炒匀。
3. 待煮开出水后，翻炒几下，炒至蛤蜊大部分开口后转开大火炒至水分略干，最后用水淀粉勾芡，再放入罗勒及香油略炒几下即可。

# 炒手酱

用途：适合热炒肉类，或热拌水煮蔬菜。

### 材料
红辣椒2个，蒜10瓣，香菜2根，辣油2大匙，香油1大匙，黑醋1小匙，白糖少许，白胡椒粉少许，鸡高汤200毫升，水淀粉适量

### 做法
1. 将红辣椒、蒜、香菜都洗净，再切成碎状备用。
2. 起油锅，加入做法1的材料以中火略爆香。再加入其余材料（水淀粉除外）煮滚，最后加入水淀粉勾薄芡即可。

示范菜谱

# 辣味梅花肉

### 材料
梅花肉片200克，黄豆芽60克，红甜椒1/3个

### 调料
炒手酱2大匙，盐少许

### 做法
1. 梅花肉片洗净对切成小片；黄豆芽洗净；红甜椒洗净切丝。
2. 取一炒锅烧热，先倒入1大匙色拉油，再加入梅花肉片以中火略炒。
3. 续加入黄豆芽和红甜椒丝炒熟，最后加入所有调料翻炒均匀即可。

# 照烧酱

用途：专门用来做照烧类菜肴的酱汁，如照烧猪排和照烧鱼下巴等。

### 材料
白醋200毫升，番茄酱200克，陈醋200毫升，红辣椒1个，白糖400克，盐1小匙，水400毫升，洋葱50克，蒜20克

### 做法
1. 洋葱洗净切丝；红辣椒和蒜洗净后切片。
2. 将做法1的材料和水放入锅中，盖上锅盖以小火煮。
3. 煮约5分钟后沥去残渣，约剩100毫升汤汁。
4. 将汤汁和其余的所有材料放入锅中煮至滚沸即可。

# 照烧鱼下巴

### 材料
鱼下巴6片（约400克），红辣椒2个，葱40克，姜20克

### 调料
照烧酱100毫升

### 做法
1. 鱼下巴洗净以厨房纸巾擦干；红辣椒洗净剖半；葱洗净切长段；姜洗净切片，备用。
2. 热锅，加入约3大匙色拉油（材料外），放入鱼下巴煎至两面焦黄后盛起。
3. 续于做法2锅中放入红辣椒、葱段和姜片以小火爆香后，再加入照烧酱和做法2的鱼下巴，以中火翻炒至汤汁略收干即可。

示范菜谱

# 京都排骨酱

用途：可用于排骨、鸡胸肉、铁老豆腐、炒海鲜等。

### 材料
Ⓐ 水1杯，白糖3/4杯，海山酱2大匙，陈醋1大匙，白醋1大匙，番茄酱1/3杯　Ⓑ 洋葱末80克，红甜椒末30克，番茄末50克，蒜末20克，罐头菠萝1片，香菜碎10克

### 做法
将材料B放入油锅炒香后，加水以小火煮30分钟，再将其余材料A加入煮滚即可。

---

# 京都排骨

示范菜谱

### 材料
小排骨300克，熟白芝麻少许，蒜泥1大匙，洋葱末1大匙

### 调料
小苏打1小匙，盐1小匙，鸡精1小匙，咖喱粉1大匙，京都排骨酱适量

### 做法
❶ 小排骨洗净，沥干备用。
❷ 将小排骨、蒜泥、洋葱末和除京都排骨酱外的调料一起拌匀腌30分钟左右。
❸ 将腌好的排骨炸至金黄色，再另起锅，加少许油，加入京都排骨酱及排骨炒匀，撒上熟白芝麻即可。

# 京酱

用途：吃起来相当顺口的京酱可以使用在热炒肉类或作烩酱。

📋 **材料**
水1大匙，甜面酱2大匙，番茄酱1茶匙，白糖1茶匙，淀粉1/2茶匙，米酒1/2茶匙

📋 **做法**
将所有材料混合均匀即可。

---

# 京酱炒肉丝

📋 **材料**
猪肉丝150克，葱5根

📋 **调料**
🅐 酱油1茶匙，嫩精1/4茶匙，淀粉1茶匙，蛋清1茶匙　🅑 京酱3大匙，香油1茶匙

📋 **做法**
❶ 猪肉丝用材料A腌制约10分钟备用。

❷ 葱洗净切丝后用清水洗净，沥干装盘备用。

❸ 热油锅，放入做法1腌好的猪肉丝，以小火炒散肉丝后即开大火略炒。

❹ 淋入京酱并快速翻炒至匀，滴入香油后即可起锅，放置在做法2葱丝摆盘上即可。

41

# 台式红烩海鲜酱

用途：将虾仁、干贝、花枝等海鲜切好后氽烫沥干，再和台式红烩海鲜酱拌炒入味即可。

**材料**
辣椒酱1大匙，番茄酱2大匙，水3大匙，米酒1大匙，香油1/2大匙，姜末1大匙，葱末2大匙

**做法**
取锅，把所有材料（除了葱末之外）通通放入锅中调匀，开小火煮到沸腾即可关火，再加入葱末拌匀即可。

# 什锦烩酱

用途：可以拌炒青菜、淋在饭面上，或做烩饭。

**材料**
Ⓐ 综合蔬菜少许，肉末1/2杯，洋葱丁2大匙，蘑菇丁6大匙，水2杯，水淀粉2.5大匙 Ⓑ 盐1.5小匙，白糖少许，白胡椒粉1/2小匙

**做法**
锅中放水加热，依序放入肉末、洋葱丁、蘑菇丁、综合蔬菜等材料炒香，待材料煮熟后，再放入材料B炒匀，加入水淀粉勾芡即可。

# 马拉盏

用途：用来炒鱿鱼、炒菜、炒面、拌水煮青菜等都合适。

**材料**
虾膏50克，虾米10克，蒜40克，干葱头30克，红辣椒20克，色拉油250毫升，白糖1茶匙

**做法**
❶ 虾米泡开水5分钟后沥干，与洗净蒜、干葱头、红辣椒一起剁碎备用。

❷ 热油锅，将做法1和其余所有材料一起下锅，用小火慢炒，炒到有香味出来即可。

# 红烧鳗鱼酱

用途：可用来做红烧鳗鱼。

### 材料
Ⓐ 当归5克，参须25克，米酒600毫升 Ⓑ 酱油3小匙，香油少许

### 做法
① 将当归、参须放入米酒中浸泡2天备用。
② 将材料B煮至滚沸，再滴入数滴做法1完成的药酒即可。

# 干烧酱

用途：可用于干烧鱼块、虾仁或是鱼肉、螃蟹等海鲜。

### 材料
米酒5大匙，番茄酱1瓶，醋1/3瓶，辣椒酱4大匙，糖8大匙，盐1小匙，鸡精1小匙，姜泥1大匙，蒜泥1大匙

### 做法
将所有材料一起混合煮匀即可。

# 西红柿咖喱酱

用途：可用于肉类或蔬菜炒酱。

### 材料
Ⓐ 番茄酱2大匙，咖喱粉1大匙，水240毫升，盐1小匙，香油1/3大匙 Ⓑ 淀粉1/3大匙，水1大匙

### 做法
① 锅中加水煮沸，再加入其余材料A，用小火煮至收干约成半杯量。
② 加入混合好的材料B勾芡，不用太浓，适量即可。（不勾芡亦可）

# 海鲜三杯酱

用途：专为海鲜类菜品所调制的三杯酱，去腥效果更佳，和一般的三杯酱大大不同。

### 材料
米酒1杯，桂皮5克，细冰糖1/2杯，蚝油1杯，辣椒酱1/2杯，咖喱粉1茶匙，鸡精1大匙，西红柿汁2大匙，胡椒1茶匙，陈醋1/4杯

### 做法
❶ 将米酒、桂皮和细冰糖加入锅中，以中火煮到沸腾后放凉，捞除桂皮。
❷ 再加入其他材料，一起拌匀即可。

# 蚝油快炒酱

用途：可用于炒海鲜、肉类等，也可以加凉开水作淋酱用，或淋在烫好的芥蓝上。

### 材料
蚝油3大匙，白糖1/3大匙，香油1/2大匙，蒜末1/2大匙，葱1大匙，色拉油1大匙

### 做法
将所有材料放在一起搅拌均匀，即为蚝油快炒酱。

# 辣椒酱

用途：可用来热炒、烧烤、炖煮等。

### 材料
Ⓐ 尖尾红辣椒200克，色拉油80毫升，蒜末60克
Ⓑ 豆瓣酱45克，味噌45克，冰糖20克，白醋20毫升，盐8克，水3杯 Ⓒ 淀粉20克，凉开水80毫升

### 做法
❶ 将尖尾红辣椒剥去蒂头，洗净绞碎，备用。
❷ 起锅，加入色拉油、红辣椒、蒜末炒香，加入材料B以小火同煮7~8分钟，最后加入混匀的材料C勾芡，熄火后待凉装罐即完成。

# PART 2

## 清蒸酱

　　清爽少油的清蒸菜，只要调对酱汁就十分美味！无油烟烹调法，轻松做菜，快来试试看。

# 清蒸菜的美味秘诀

诀窍1

**水要大滚才能蒸**

  利用滚水产生的蒸汽蒸食材时，一定要等水大滚后才能把食材放入蒸锅中蒸，这样才能瞬间封住食材的原汁原味，使蛋清质快速凝固，肉质才会嫩。若是水还没大滚就放入蒸锅蒸，蛋清质容易流失，肉质会变涩，那辛苦做的菜就不好吃了。

诀窍2

**蒸海鲜以葱姜垫底，去腥防粘黏**

  蒸鱼或生蚵时，最讨厌就是外皮黏住盘子不放，让鱼身破碎又不好看，其实只要切些葱姜放在蒸盘底，再放上鱼类海鲜等，让葱姜垫高鱼身，使其不会直接接触蒸盘，不仅可以避免鱼皮黏住蒸盘，也可以去腥，非常实用。若再讲究一点，等鱼蒸好后再挑去葱姜，上桌一样美观！

诀窍3

**蒸煮的时间要注意，过久会失败**

  到底蒸好了没？如果要问怎样才算蒸好了，不如照着食谱上的时间开锅，就比较准确。若是蒸的时间不够，开锅检查后没熟再蒸，还是会因为断续的问题导致时间失准。但若蒸得过久，肉质就会变老也不好吃。只有掌握好时间，才能品尝到最嫩最好吃的菜。

# 蒜泥酱

用途：适合用来清蒸鱼类、海鲜，也可以做凉拌，蒜和梅子都能提升海产的鲜甜，也有去除腥味的效果。

### 材料
蒜150克，话梅3颗，姜30克，水200毫升，蚝油5大匙，酱油2大匙，米酒5大匙，白糖2大匙

### 做法
① 蒜洗净，去皮切末；姜去皮洗净切末。
② 锅烧热，加少许油，放入做法1的蒜末、姜末和话梅炒香。
③ 续放入水和所有调料煮匀即可。

---

# 蒜泥蒸虾

**示范菜谱**

### 材料
草虾12只，葱花少许，香菜少许，蒜泥酱3大匙，香油1大匙

### 做法
① 草虾洗净，剪去头须及脚，剖成对半至尾翅的地方不切断，左右展开将虾肉的一面朝上，整齐排入平盘中。
② 将做法1排好的草虾淋上蒜泥酱，放入水滚的蒸锅中蒸3分钟起锅。
③ 上菜前，撒上葱花、香菜，淋上香油即可。

# 黄豆蒸酱

用途: 酱香浓郁的古早味蒸酱, 适合与海鲜、豆腐一起清蒸, 原本清淡的食材也能咸香下饭。

## 材料

| | |
|---|---|
| 蒜末 | 30克 |
| 姜末 | 20克 |
| 黄豆酱 | 1/2杯 |
| 蚝油 | 2大匙 |
| 红辣椒酱 | 2大匙 |
| 白糖 | 2大匙 |
| 米酒 | 4大匙 |

## 做法

将所有材料一起混合拌匀, 即为黄豆蒸酱。

# 豆腐蒸鱼片

## 材料

| | |
|---|---|
| 鲈鱼肉 | 300克 |
| 老豆腐 | 1块 |
| 葱花 | 20克 |

## 调料

**A**

| | |
|---|---|
| 盐 | 1/4茶匙 |
| 白胡椒粉 | 1/4茶匙 |
| 米酒 | 1大匙 |
| 淀粉 | 1茶匙 |
| 香油 | 1茶匙 |

**B**

| | |
|---|---|
| 黄豆蒸酱 | 3大匙 |

## 做法

1. 鲈鱼肉洗净，加入所有调料A抓匀备用。

2. 豆腐切厚片，排入蒸盘中，再铺上做法1的鲈鱼肉，均匀淋上黄豆酱。

3. 电饭锅外锅加1杯水，放上蒸架，按下开关至有蒸汽冒出，将做法2放入电饭锅蒸12分钟后，取出撒上葱花即可。

49

# 树子咸冬瓜酱

**用途：** 属于咸香下饭的调料，带有浓厚的回甘味是其特色，和口味清淡的食材搭配做菜，可以做出咸香下饭的菜色，例如蒸肉饼、蒸蛋、蒸鱼等，炒卷心菜、苦瓜等也很对味。

### 材料
树子150克，咸冬瓜150克，米酒100毫升

### 做法
❶ 将咸冬瓜放入容器中，以手捏碎。

❷ 放入树子和米酒拌匀。

❸ 放入电饭锅蒸30分钟即可。

示范菜谱

# 树子咸冬瓜肉饼

### 材料
肉馅200克，葱1根，姜10克

### 调料
树子咸冬瓜酱2大匙，淀粉1大匙，胡椒粉1/2小匙，香油1大匙，酱油1小匙，米酒1大匙

### 做法
❶ 葱、姜洗净，切末备用。

❷ 将肉馅、葱末、姜末和所有调料放入钢盆中拌匀，再压成肉饼状放入深盘中。

❸ 将深盘入蒸锅蒸约12分钟即可。

# 豉油汁

用途：咸甜适中，带有海鲜的鲜甜味，大众化口味的酱汁，适合作为红肉类的蒸酱，例如清蒸牛肉片、清蒸猪肉片等。

**材料**
鱼露1茶匙，鲜味露1茶匙，凉开水2大匙，盐1/4茶匙，白糖1/2茶匙，鸡精1/4茶匙

**做法**
所有材料混合均匀即可豉油汁。

---

示范菜谱

# 清蒸牛肉片

**材料**
去骨牛小排200克，葱2根，姜适量，红辣椒少许

**调料**
豉油汁3大匙，淀粉1茶匙

**做法**
1. 牛小排洗净切片，加入淀粉拌匀后摊平置盘；葱洗净切长段后，直切成细丝；姜洗净切丝；红辣椒洗净切丝，备用。
2. 取做法1的葱丝、姜丝、红辣椒丝一起泡冷水约3分钟，再取出沥干水分，备用。
3. 将做法1的牛小排肉片放入蒸锅中，以中火蒸约5分钟后，淋入豉油汁，再续蒸约2分钟，最后放上做法2的材料，取出即可。

# 腐乳酱

用途：豆腐乳是极具特色的食材，又被称为"东方奶酪"，这里调出的腐乳酱可以搭配蔬菜煮食，例如炒空心菜、炒菇等，也可以拿来腌肉油炸，例如腐乳鸡等。

**材料**
豆腐乳2块，姜10克，蒜5克，芹菜1小段，辣豆瓣酱1/2小匙，白糖1/2小匙，米酒1大匙

**做法**
姜、蒜、芹菜洗净切末，加入其余材料，搅拌均匀即可。

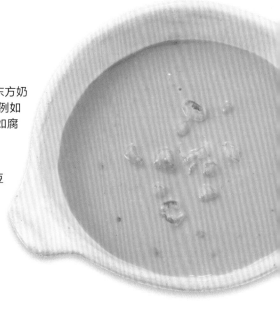

示范菜谱

# 腐乳酱蒸圆白菜

**材料**
圆白菜300克

**调料**
腐乳酱4大匙

**做法**
① 圆白菜一切为四,洗净后沥干水分。
② 将做法1放入蒸盘，淋上腐乳酱，放入水已滚沸的蒸笼，蒸2~3分钟至熟即可。

**料理贴士**
清蒸蔬菜类一定要把握下锅时间，待蒸锅蒸汽冒起、水滚沸时才可以下锅，以缩短加热时间，避免菜叶变黄。

# 香虾酱

用途：海鲜风味浓郁，适合作为清淡瓜果菜的蒸酱，可增加菜品香气与鲜甜味，一定要经过加热才可食用；不适合做蘸酱或淋拌酱。

**材料**

蒜末30克，姜末20克，红辣椒末30克，虾酱5大匙，蚝油1大匙，绍兴酒3大匙，白糖2大匙，水3大匙

**做法**

① 热锅，倒入约4大匙油，以小火炒香蒜末、姜末及红辣椒末。

② 续加入虾酱、蚝油、绍兴酒、白糖及水，转小火炒至水分收干略浓稠即可。

# 虾酱蒸冬瓜

示范菜谱

**材料**

冬瓜500克，肉馅60克，姜末10克

**调料**

香虾酱1大匙，米酒2茶匙

**做法**

① 冬瓜去皮洗净、切块状，排入蒸盘中备用。

② 肉馅、姜末、米酒及香虾酱拌匀成酱汁备用。

③ 将做法2的酱汁淋至做法1的冬瓜块上，放入水滚的蒸笼（或电饭锅），大火蒸15分钟后取出，撒上少许香菜装饰即可。

# 剥皮辣椒酱

用途：适合作为白肉类的蒸酱，有提香的作用，如剥皮辣椒蒸鸡、剥皮辣椒鱼等。

### 材料
剥皮辣椒5个，红辣椒1个，蒜3瓣，香菜2根，剥皮辣椒腌汁3大匙，白糖1小匙，酱油1小匙，辣油1小匙，香油1小匙

### 做法
将红辣椒、蒜、香菜、剥皮辣椒都洗净切成碎状，和其余所有材料搅拌均匀即可。

# 香辣黄豆酱

用途：适合清蒸海鲜。

### 材料
Ⓐ 黄豆酱3大匙，味噌1小匙，香油1小匙，米酒2大匙，白糖1小匙，酱油1小匙，高汤120毫升
Ⓑ 水淀粉少许　Ⓒ 红辣椒碎30克，葱碎10克，蒜碎20克

### 做法
起油锅烧热，以中火爆香所有材料C，续放入所有材料A煮滚，再加入水淀粉勾薄芡即可。

# 味噌酱

用途：搭配味淋、熟芝麻，日式风味十足，蒸猪肉、鸡肉、蔬菜或豆腐都很对味。

### 材料
姜5克，味噌3大匙，味淋3大匙，米酒1大匙，香油1小匙，熟白芝麻少许

### 做法
姜洗净切末，再加入其余材料，搅拌均匀即可。

# 蒜味蒸酱

用途：可用于蒸鱼、蒸九孔或蒸虾等海鲜。

**材料**
甜辣酱2大匙，番茄酱1大匙，蚝油1茶匙，白糖1茶匙，蒜泥1大匙，姜末2茶匙

**做法**
将所有材料混合煮匀即可。

# 红曲蒸酱

用途：可用于蒸鱼，如加州鲈等食材。

**材料**
红曲酱60克，蒜10克，姜5克，绍兴酒1大匙，盐1/4茶匙，白糖1茶匙

**做法**
姜、蒜洗净切碎，与其他所有材料一起混合均匀，即为红曲蒸酱。

# 葱味酱

用途：适合用来煮禽肉类，如鸡肉、鸭肉、鹅肉。

**材料**
红葱酱1大匙，葱1根，香油1大匙，盐少许，白胡椒粉少许，酱油1小匙

**做法**
❶ 葱洗净切成碎状备用。
❷ 取一容器，放入葱碎和其他材料，搅拌均匀即可。

# 菠萝豆酱

用途：酸酸甜甜的菠萝常用来入菜，非常开胃解腻，这里加入黄豆酱组合出古早味浓厚的菠萝黄豆酱，非常适合运用在蒸鱼、蒸苦瓜，或者切入姜丝拌匀当开胃小菜等。

## 材料

| | |
|---|---|
| 菠萝肉 | 50克 |
| 黄豆酱 | 30克 |
| 蒜 | 10克 |
| 米酒 | 1大匙 |
| 白糖 | 1/2小匙 |

## 做法

1 菠萝肉切小丁；蒜切末，备用。

2 所有材料搅拌均匀即可。

# 菠萝豆酱蒸虱目鱼肚

## 材料

| | |
|---|---|
| 虱目鱼肚 | 1片 |
| 红辣椒 | 适量 |
| 葱 | 适量 |
| 姜 | 适量 |

## 调料

| | |
|---|---|
| 菠萝豆酱 | 3大匙 |

## 做法

1. 检查虱目鱼肚鱼鳞是否去除干净，再用镊子夹除粗鱼刺，洗净，用热水冲淋几次，去除腥味，备用。
2. 红辣椒、葱、姜均洗净切丝，备用。
3. 虱目鱼肚放入蒸盘，淋上菠萝豆酱，放入水已滚沸的蒸笼，蒸约12分钟至熟，起锅撒上做法2的红辣椒丝、葱丝、姜丝即可。

57

# 梅干酱

用途：梅干菜是用新鲜的芥菜加工腌渍而成，风味咸香，这里做成的梅干酱可以蒸鱼，还可以加入绞肉拌匀成绞肉饼蒸食，或者拌面，也能加入五花肉烧煮等等。

### 📋 材料
梅干菜40克，荸荠1个，姜10克，香菇粉1/4小匙，白糖1/4小匙，米酒少许，开水少许，香油少许

### 📋 做法
1. 梅干菜洗净、挤干水分，切末；荸荠去皮洗净、切末；姜洗净切末，备用。
2. 将所有材料搅拌均匀即可。

---

# 梅干蒸百叶

示范菜谱

### 📋 材料
百叶豆腐2块，香菜叶适量

### 📋 调料
梅干酱4大匙

### 📋 做法
1. 百叶豆腐洗净、切片，放入蒸盘。
2. 将梅干酱淋在百页豆腐上，放入水已滚沸的蒸笼，蒸约15分钟，取出撒上香菜叶即可。

# 豆瓣蒸酱

用途：适合用来蒸海鲜或肉类等食材。

**材料**

辣豆瓣150克，蒜末20克，姜末10克，酒酿50克，白糖1大匙，水30毫升

**做法**

将所有材料混合均匀，即为豆瓣蒸酱。

# 腌冬瓜酱

用途：可用于蒸海鲜等食材。

**材料**

咸冬瓜200克，鱼露30毫升，白糖1茶匙，米酒1大匙，姜丝5克

**做法**

将咸冬瓜切片后，与其他材料充分混合均匀，即为腌冬瓜酱。

# 浏阳豆豉酱

用途：可用来拌面、拌饭或是蒸排骨，风味极佳。

**材料**

肉馅1碗，豆豉1碗，蒜末1/2碗，红辣椒末适量（约1/4碗），油1/2碗

**做法**

❶ 起油锅，将豆豉炸过，捞起备用，续将肉馅放入油锅炒熟后，加入蒜末爆香，再加入红辣椒末微炒，最后放入炸过的豆豉炒匀。

❷ 如果油量过少，必须再加油，直到油可以淹过材料，继续加热至沸腾，即可熄火。

# 荫苦瓜酱

用途：可用于蒸海鲜等食材。

🍲 **材料**

荫苦瓜130克，蒜末20克，红辣椒末5克，姜末10克，米酒20毫升，水15毫升，酱油1大匙

🍴 **做法**

将荫苦瓜切碎后，与其他材料充分混合均匀，即为荫苦瓜酱。

# 蚝油蒸酱

用途：用途很广，包括鱼虾贝类等多种海鲜都可以利用蚝油蒸酱来清蒸。

🍲 **材料**

蚝油1大匙，酱油2大匙，水150毫升，白糖1大匙，白胡椒粉1/6茶匙

🍴 **做法**

将所有材料混合均匀，即为蚝油蒸酱。

# 辣味噌蒸酱

用途：风味辛辣带有甘甜滋味，除了可以用来清蒸鲜鱼之外，用来蘸烫熟的肉片也不错。

🍲 **材料**

韩式辣酱50克，味噌酱25克，水40毫升，米酒20毫升，姜末20克

🍴 **做法**

将所有材料混合均匀，即为辣味噌蒸酱。

# 清蒸汁

用途：适合蒸鱼或蒸肉。

📋 **材料**

色拉油2大匙，蚝油100毫升，酱油200毫升，白胡椒粉1大匙，白糖100克，水200毫升，米酒3大匙，葱30克，姜30克，香菜20克

📋 **做法**

1️⃣ 葱洗净切小段；姜洗净切片；香菜洗净，备用。

2️⃣ 热锅，加入色拉油，以小火将葱段和姜片炒至微焦黄。

3️⃣ 加入其余的材料煮滚后，改转小火煮滚约1分钟后关火。

4️⃣ 取滤网将清蒸汁的残渣滤掉即可。

# 清蒸小卷

📋 **材料**

小卷200克，姜丝20克，葱丝20克，色拉油2大匙，红辣椒丝5克

📋 **调料**

清蒸汁2大匙，米酒1大匙

示范菜谱

📋 **做法**

1️⃣ 小卷洗净，去除墨管后，沥干盛盘备用。

2️⃣ 将米酒和清蒸汁淋入小卷上，再放上姜丝和红辣椒丝。

3️⃣ 盖上保鲜膜，放入蒸锅中蒸约12分钟后，取出撒上葱丝。

4️⃣ 热锅，加入色拉油烧热后，淋至蒸好的小卷上即可。

# 树子酱

用途：树子又称"破布子"，常被用来蒸鱼，这里加入些许辛香料，让单纯的树子风味更多层次。除了蒸海鲜之外，也可以和绞肉拌匀来蒸肉，以及炒山苏或蒸苦瓜、豆腐等。

## 材料

| | |
|---|---|
| 树子 | 2大匙 |
| 蒜 | 10克 |
| 姜 | 10克 |
| 红辣椒 | 5克 |
| 树子汁 | 1大匙 |
| 米酒 | 1大匙 |
| 白糖 | 1/2小匙 |
| 白胡椒粉 | 少许 |

## 做法

蒜、姜、红辣椒均洗净切末，再加入其余材料，搅拌均匀即可。

# 树子蒸虾

## 材料

| | |
|---|---|
| 草虾 | 400克 |
| 葱 | 10克 |
| 姜 | 5克 |

## 调料

| | |
|---|---|
| 树子酱 | 4大匙 |
| 米酒 | 少许 |

## 做法

1. 草虾用剪刀将虾头尖刺和长须去除，再用竹签从虾身约第二节处挑出肠泥，洗净、沥干水分，备用。

2. 葱洗净取1/2切葱段、1/2切葱花；姜洗净切片，备用。

3. 草虾加入葱段、姜片，倒入米酒抓匀，腌渍约5分钟（去除腥味），取出放在蒸盘上，淋入树子酱，放入水已滚沸的蒸笼，蒸约6分钟，取出撒上葱花即可。

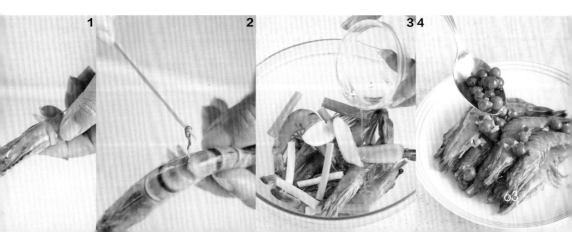

**1**  **2**  **3 4**

# 梅子汁

用途：腌梅的酸咸味可以去油解腻，所以很适合和红肉类食材一起清蒸，如清蒸排骨、清蒸五花肉片等。

🍴 **材料**
酸梅渍6颗，番茄酱1大匙，水1大匙，白糖1茶匙，酱油1茶匙

🥄 **做法**
将酸梅渍去籽后抓碎，加入其余材料拌匀即成梅子汁。

---

# 梅子蒸排骨

🍴 **材料**
猪五花排骨200克，红辣椒1/2个，蒜末1/2茶匙，香菜少许

🍶 **调料**
淀粉1/2茶匙，梅子汁2大匙

🏷️ **示范菜谱**

🥄 **做法**
❶ 猪五花排骨剁小块，冲水约10分钟，沥干水分；红辣椒洗净切片，备用。
❷ 取做法1的猪五花排骨块，加入梅子汁、蒜末、红辣椒洗净片、淀粉拌匀，静置约20分钟。
❸ 将做法2的材料放入蒸锅中，以中火蒸约12分钟，取出放上香菜即可。

# 油膏酱

用途：炒、蒸、烧、蘸都很适合，尝起来口味甘甜，而且可任意和海鲜、蔬菜或肉类搭配做菜，例如塔香螺肉和辣椒镶肉等。

### 材料
蒜泥100克，五香粉1大匙，甘草粉1大匙，辣椒粉1小匙，酱油400毫升，白糖5大匙，米酒50毫升，水50毫升

### 做法
❶ 热锅，加入少许色拉油（材料外），以小火爆香蒜泥。

❷ 加入五香粉、甘草粉和辣椒粉略翻炒至香味溢出。

❸ 续加入酱油、白糖、米酒和水。

❹ 煮至滚沸即可。

# 翠椒镶肉

### 材料
翡翠椒12个，肉馅200克，葱末10克，姜末10克

### 调料
Ⓐ 白糖1小匙，酱油2大匙，淀粉1/2小匙，香油1小匙 Ⓑ 油膏酱2大匙，水400毫升

### 做法
❶ 翡翠椒洗净去头尾、去籽备用。

❷ 将肉馅和葱末、姜末、调料A混合拌匀成内馅，装入塑胶袋内，剪一个小孔，将内馅挤入翡翠椒内填满。

❸ 将翡翠椒排放入锅中，加入混合后的调料B盖上锅盖，以中火煮至滚沸后，改转小火煮约5分钟至汤汁略收干后盛盘即可。

示范菜谱

# 腐乳蒸汁

用途：浓郁的豆香与海鲜一起清蒸，滋味非常特别，特别是鲜鱼，此外也可以用来淋烫熟的蔬菜。

**材料**
辣腐乳140克，白糖1大匙，米酒20毫升，蚝油2大匙，水50毫升，姜末20克，蒜末10克

**做法**
将所有材料混合调匀，即为腐乳蒸汁。

# 蒜酥酱

用途：可作为蘸酱，蘸五花肉等肉类，或作蒸酱，适合蒸鱼、虾。

**材料**
蒜酥50克，红辣椒末5克，酱油2大匙，蚝油3大匙，米酒20毫升，白糖1茶匙，水45毫升

**做法**
将所有材料混合均匀，即为蒜酥酱。

# 沙茶甜酱

用途：适用于各种炸物蘸酱、清蒸菜。

**材料**
沙茶酱1大匙，花生酱1大匙，甜辣酱2大匙，凉开水2大匙

**做法**
将所有材料混合调匀即可。

# 中药酒蒸汁

用途：适用于蒸鱼或鸡肉。

### 材料
当归5克，枸杞子5克，红枣5颗，绍兴酒80毫升，鱼露50毫升，盐1/4茶匙，白糖1茶匙

### 做法
将当归剪成小块，与其他材料混合拌匀，放置约10分钟使其出味，即为中药酒汁。

---

# 香糟蒸酱

用途：适用于蒸海鲜类食材。

### 材料
Ⓐ 蒜末20克，姜末15克，辣椒酱20克 Ⓑ 香糟50克，绍兴酒1大匙，白糖1大匙，水50毫升，蚝油50克

### 做法
热锅，加入2大匙色拉油（分量外）烧热，放入材料A略炒香，再加入材料B以小火炒匀，即为香糟蒸酱。

---

# 荫菠萝酱

用途：可用于蒸鱼，如虱目鱼等食材。

### 材料
咸菠萝酱200克，姜末15克，红辣椒末10克，白糖1茶匙，米酒1大匙

### 做法
咸菠萝酱切碎，加入其他材料混合均匀，即为荫菠萝酱。

# 港式XO酱

用途: XO酱的用途十分广泛, 除了可以用来蒸肉, 也可以作热炒酱、拌面等。

## 材料

**A**

| | |
|---|---|
| 虾米 | 160克 |
| 金华火腿 | 480克 |
| 干贝 | 240克 |
| 虾皮 | 80克 |
| 马友咸鱼 | 40克 |
| 泰国辣椒 | 320克 |
| 小辣椒 | 80克 |
| 蒜 | 320克 |
| 红葱头 | 160克 |
| 香茅粉 | 40克 |
| 辣椒粉 | 80克 |
| 色拉油 | 320毫升 |

**B**

| | |
|---|---|
| 鸡精 | 40克 |
| 白糖 | 40克 |
| 辣椒油 | 40毫升 |

## 做法

1. 将金华火腿用清水洗净后切成片状。

2. 煮一锅水至滚, 将金华火腿片放入锅中汆烫约10分钟后, 捞起沥干水分, 放凉后切成丝状备用。

3. 将虾米、虾皮用滚开水浸泡约10分钟后, 捞起沥干水分, 切成细碎状备用。

4. 把干贝用凉开水浸泡约20分钟, 再放入电饭锅中蒸15分钟, 取出待凉后捞起沥干水分, 撕成丝状备用。

5. 将马友咸鱼去骨切成细丝状备用。

6. 将泰国辣椒、小辣椒、蒜、红葱头等材料洗净切成细碎状备用。

7. 取一锅, 加入300毫升色拉油以中火烧热至120℃后, 将泡好的虾米、虾皮碎、马友咸鱼丝以及泰国辣椒、小辣椒碎、红葱头碎都下锅油炸约10分钟, 过程中需不停地翻动以避免黏锅。

8. 再将蒜碎下锅, 炸至蒜碎表面金黄, 过程中需不停地翻动以避免黏锅; 再将金华火腿丝、干贝丝与材料B下锅油炸约5分钟后熄火, 过程中需不停地翻动以避免黏锅。

9. 最后加入香茅粉、辣椒粉及20毫升色拉油略为搅拌即可。

# 酱蒸鸡

## 材料

| 去骨鸡腿肉 | 240克 |
|---|---|
| 香菇 | 30克 |
| 葱 | 10克 |
| 姜 | 20克 |
| 热油 | 2大匙 |

## 调料

| 港式XO酱 | 2茶匙 |
|---|---|
| 蚝油 | 2茶匙 |
| 盐 | 1/2茶匙 |
| 白糖 | 1/2茶匙 |
| 鸡精 | 1/2茶匙 |
| 淀粉 | 2茶匙 |
| 麻油 | 少许 |
| 胡椒粉 | 少许 |
| 米酒 | 少许 |
| 水 | 100毫升 |

## 做法

① 香菇用冷水浸泡约1小时备用。

② 将泡软后的香菇去梗洗净并切成片状备用。

③ 将去骨鸡腿肉用清水洗净并切成块状备用。

④ 葱洗净切段；姜洗净切片，备用。

⑤ 将切好的鸡腿肉块拌入所有调料与100毫升清水，再加入香菇片与葱段、姜片后，放入电饭锅蒸约12分钟即可。

⑥ 起锅后再淋上热油即可。

# 椒麻辣油汤

用途：可以用来煮肉菜，如牛肉等。

### 材料

Ⓐ 小黄瓜1条，白菜30克，香菜2根，红辣椒1个，蒜3颗，姜5克，芹菜3根，香油1大匙　Ⓑ 干辣椒10根，花椒粒1小匙，辣油2大匙，酱油2大匙，米酒1大匙，辣豆瓣酱2大匙，白糖1小匙，盐少许，水500毫升，黑胡椒粉少许

### 做法

❶ 将小黄瓜、白菜、芹菜洗净切成小条状；红辣椒、蒜洗净切成片状；姜洗净切成片状备用。

❷ 起一个炒锅，先加入1大匙香油，再放入做法1的所有材料以小火爆香。

❸ 续加入所有材料B以中火煮约15分钟，过滤取汁即可。

# 素肉燥酱

用途：除适合与蔬食一同清蒸之外，与汆烫的海鲜味道也很速配，甚至可以直接用来拌面饭，都非常可口。

### 材料

素肉50克，干香菇3朵，胡萝卜10克，豆干2片，香油1小匙，素蚝油2大匙，辣油少许，酱油1小匙，糖1小匙，盐少许，白胡椒粉少许

### 做法

❶ 素肉与干香菇泡软洗净，切成小丁状。

❷ 胡萝卜、豆干洗净，切成小丁状备用。

❸ 取一个炒锅，先加入1大匙色拉油，再加入做法1、做法2的材料，以中火爆香，再放入其余的材料，翻炒均匀即可。

# PART 3

# 淋拌酱

给爱吃凉拌菜、沙拉的您，提供最经典的拌酱、淋酱，满足您
每天都想变化口味的需要！

# 芝麻拌酱

用途：芝麻香气浓郁，尝起来层次丰富，成为许多人喜爱的凉拌酱，也适合用来当作凉面拌酱。

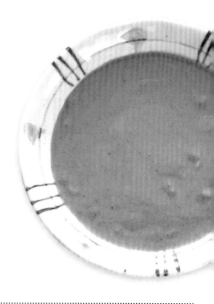

## 材料
芝麻酱1大匙，酱油2大匙，白醋2茶匙，白糖2茶匙，凉开水2大匙，蒜末2大匙，香油1茶匙

## 做法
芝麻酱先用凉开水调稀，再依序加入其余所有材料拌匀即可。

---

# 鸡丝拉皮

示范菜谱

## 材料
鸡胸肉100克，小黄瓜1根，凉粉皮200克

## 调料
芝麻拌酱4大匙

## 做法
❶ 鸡胸肉用水煮或蒸10分钟至熟后，待凉剥粗丝；小黄瓜洗净切丝，备用。

❷ 凉粉切条置盘底，依序铺上黄瓜丝、鸡丝，然后将芝麻拌酱淋上，食用前拌匀即可。

# 葱油淋酱

用途：可用来拌白萝卜丝、海蜇皮这类味道淡而风味独特的食材，或是蘸白肉或鱼肉，比如蘸油鸡、鱼片等。

## 材料

姜40克，葱40克，红辣椒5克，酱油1大匙，盐15克，味精5克，色拉油60毫升

## 做法

1. 姜洗净切细末；葱洗净切葱花；红辣椒洗净切末，备用。
2. 取一碗，放入姜末、葱花、红辣椒末、酱油、盐及味精，混合拌匀备用。
3. 色拉油加热至约160℃后，将油冲入碗中拌匀放凉即可。

---

示范菜谱

# 葱油鸡

## 材料

大鸡腿2只，姜5克

## 调料

葱油淋酱适量

## 做法

1. 将姜洗净切片，和大鸡腿一起放入滚水中煮约10分钟，再焖约20分钟后取出放凉备用。
2. 将放冷的大鸡腿剁成小块状，再搭配葱油酱食用即可。

# 糖醋酱

用途：酸香甜辣的味道最适合凉拌蔬菜类食材，属于清爽的凉拌酱，有软化蔬菜的作用，可以做糖醋拌白菜心、糖醋拌莲藕等。

### 材料
Ⓐ 姜1小段，蒜3瓣，红辣椒1个　Ⓑ 白糖30克，香油1小匙，米酒1大匙，白醋100毫升

### 做法
❶ 将姜、蒜、红辣椒洗净，都切成碎状，备用。
❷ 将所有材料B搅拌均匀，再加入做法1的材料一起拌匀即可。

---

# 糖醋白菜心

### 材料
白菜心200克，胡萝卜30克，金针菇50克

### 调料
糖醋酱1大匙

### 做法
❶ 白菜心洗净切成小条状；胡萝卜洗净切丝；金针菇去蒂洗净；全部放入滚水中汆烫，沥干备用。
❷ 将做法1所有材料与糖醋酱一起搅拌均匀即可，放入冰箱冰镇一会更好吃。

# 蒜蓉辣椒酱

用途：用途很广，适合搭配各种肉类、海鲜，除了当作淋拌酱外，热炒时加入拌炒也很够味。

### 🍲 材料
蒜3瓣，红辣椒1个，蚝油3大匙，凉开水1大匙，白糖1小匙

### 📋 做法
1. 蒜去皮切片；红辣椒去籽洗净切片备用。
2. 将做法1的材料和其余材料混合均匀即为蒜蓉辣椒酱。

---

# 塔香蛤蜊

### 🍲 材料
蛤蜊300克，姜6克，罗勒2根

### 🍶 调料
蒜蓉辣椒酱适量

示范菜谱

### 📋 做法
1. 将新鲜的蛤蜊泡在盐水中泡水吐沙约1小时以上备用。
2. 将姜洗净切丝、罗勒洗净，备用。
3. 将吐过沙的蛤蜊放入滚水中汆烫，至开口即可捞起。
4. 将做法2、3的材料放入容器中，拌入蒜蓉辣椒酱混匀即可。

# 辣油汁

用途：除了作为凉拌酱，也适合与北方面食搭配使用，如包子、饼类都很对味。

**材料**
盐15克，鸡精5克，辣椒粉50克，花椒粉5克，色拉油120毫升

**做法**
① 将辣椒粉与盐、鸡精拌匀备用。
② 色拉油烧热至约150℃后，冲入做法1中，并迅速搅拌均匀。
③ 再加入花椒粉拌匀即可。

# 麻辣耳丝

**材料**
猪耳1副，蒜苗1根，葱段10克，姜块10克

**调料**
辣油汁2大匙，盐1大匙，八角2粒，花椒1茶匙，水1500毫升

**做法**
① 将八角、花椒、葱、姜、盐放入锅内，加入水，大火煮至沸腾，再放入洗净的猪耳以小火煮约15分钟，取出冲冷开水至凉。
② 将做法1的猪耳切斜薄片，再切细丝；蒜苗洗净切细丝，备用。
③ 将猪耳丝及蒜苗丝加入辣油汁拌匀即可。

示范菜谱

# 辣味豆瓣酱

用途：用来与各种食物炒煮炖烩均可，或淋在水煮青菜上。

**材料**

Ⓐ 肉馅100克，葱1根，蒜2瓣，红辣椒1个，色拉油1大匙

Ⓑ 酱油1大匙，白糖1小匙，香油1小匙，辣豆瓣酱1大匙

**做法**

❶ 将葱、蒜、红辣椒都洗净切成碎状备用。

❷ 起一个炒锅，先加入1大匙色拉油，放入肉馅和做法
1的材料爆香，最后再加入材料B翻炒均匀即可。

---

示范菜谱

# 豆瓣娃娃菜

**材料**

娃娃菜4棵

**调料**

辣味豆瓣酱适量

**做法**

❶ 将娃娃菜去蒂洗净，再放入滚水中以中火煮
软捞起，排入盘中。

❷ 最后将煮好的辣味豆瓣酱淋入煮软的娃娃菜
上面即可。

# 薄荷酸辣汁

**用途：**带有清凉的口感，当做海鲜类凉拌菜的蘸酱很对味。

**◎ 材料**
凉开水20毫升，薄荷叶5克，辣椒15克，洋葱20克，蒜15克，白醋40毫升，白糖30克，盐4克

**◎ 做法**
❶ 薄荷叶、蒜、洋葱、辣椒均洗净切碎成末。
❷ 所有材料混合拌匀即可。

# 蒜味油膏

**用途：**适合用于蔬菜、肉类，可以带出原本食材的味道，也能提升味蕾的层次感。

**◎ 材料**
蒜末15克，葱花20克，酱油4大匙，凉开水2大匙，白糖2茶匙，香油2大匙

**◎ 做法**
将所有材料混合调匀即可。

# 醋味麻酱

**用途：**用来凉拌蔬菜、肉类、海鲜都合适。

**◎ 材料**
白芝麻酱3大匙，凉开水1大匙，鸡精1小匙，陈醋1大匙，香油1小匙，葱碎1大匙

**◎ 做法**
将所有材料混合调匀即可。

# 麻酱油

用途：味道浓郁醇厚，适合用来蘸红肉、拌蔬菜，除此之外还可以拌面或凉面。

**材料**
酱油100克，芝麻酱50克，凉开水50毫升，白糖20克，蒜30克，葱20克

**做法**
① 蒜磨成泥；葱洗净切成末，备用。
② 将芝麻酱与凉开水拌匀成稀糊状后，加入其他材料拌匀即可。

# 香麻辣酱

用途：又麻又辣的风味，适合与口味稍重的食材搭配，除了当凉拌酱外，还适合作为面食蘸酱或拌酱，如水饺、包子、饼类。

**材料**
芝麻酱50克，辣椒油30毫升，凉开水20毫升，花椒粉1小匙，酱油30毫升，白醋10毫升，白糖20克，香油15毫升

**做法**
将所有材料混合拌匀至白糖溶化即可。

# 蒜味沙茶酱

用途：可用来凉拌青菜等。

**材料**
红葱头10克，蒜2瓣，酱油2大匙，沙茶酱1大匙，水2大匙，白糖1/2茶匙，色拉油1大匙

**做法**
① 红葱头与蒜均洗净切碎末备用。
② 热锅，倒入色拉油，先以小火将蒜末、红葱头末炒香，再加入酱油、沙茶酱、水及白糖搅匀煮开即可。

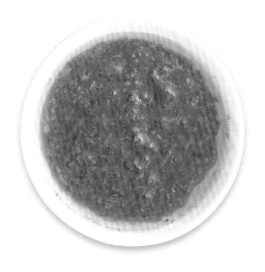

# 豆酥酱

用途：豆酥是黄豆发酵干制而成，中式菜里通常用来作为配料使用，但少部分菜色也会拿来当成入菜烹调的主要调味酱，因为它的特有香气和鱼片、蔬菜都相当搭配。常见菜色如豆酥鳕鱼和豆酥蚵仔等。

### 材料
豆酥碎240克，辣椒酱2大匙，白糖3大匙，蒜40克，姜30克，色拉油300毫升

### 做法
1. 蒜和姜洗净，切成碎末备用。
2. 热锅，加入色拉油，以小火爆香蒜末和姜末。
3. 续加入辣椒酱炒至香味溢出。
4. 再加入豆酥碎和白糖，以小火翻炒至豆酥微金黄色后，关火放凉即可。

示范菜谱

# 豆酥鳕鱼

### 材料
鳕鱼1块（约200克），葱花30克，色拉油2大匙

### 调料
豆酥酱100克，米酒1大匙

### 做法
1. 将鳕鱼洗净置于蒸盘上，淋入米酒，放入蒸笼中以大火蒸12分钟后取出盛盘。
2. 热锅，加入色拉油和豆酥酱，以小火炒至豆酥颜色变金黄，关火加入葱花炒散，盛起铺至鱼身上即可。

**料理贴士**

蒸鱼时除了淋上米酒，也可以放入一些姜片在鱼身上，去腥效果更佳。蒸好的鱼盘中会有少许汤汁，可以倒掉，并移除姜片，再铺上做法2的豆酥酱。

# 塔香油膏

用途：可以用来淋在清爽无味的凉拌蔬菜上，或拿来热炒有壳类的海鲜。

### 材料
新鲜罗勒1根，红辣椒1/3个，酱油2大匙，米酒1大匙，凉开水1大匙

### 做法
❶ 将新鲜罗勒洗净再切成细丝状；红辣椒洗净切碎备用。

❷ 将做法1的材料和其余材料混合即可。

---

# 水煮茄子

### 材料
茄子1个

### 调料
塔香油膏适量

### 做法
❶ 将茄子去蒂洗净，切成约3厘米的长段，再放入滚水中氽烫，捞起放入冰水中冰镇备用。

❷ 将做法1的茄子段摆盘，再淋入塔香油膏即可。

# 香葱肉臊酱

用途：可搭配汆烫青菜一起食用，有去除土味的功用，另外直接淋在饭上也非常好吃。

### 材料
A 肉馅150克，洋葱1/3个，蒜5瓣，红辣椒1/2个，葱2根
B 五香粉1小匙，盐少许，黑胡椒粉少许，香油1小匙，酱油1大匙，水200毫升

### 做法
1 将洋葱、蒜、红辣椒、葱都洗净切成碎状备用。
2 取一炒锅，加1大匙色拉油（材料外），放入肉馅和做法1的所有材料，再以中火爆香。
3 最后加入所有材料B煮开拌匀即可。

# 香葱肉臊地瓜叶

### 材料
地瓜叶150克

### 调料
香葱肉臊酱适量

### 做法
1 将地瓜叶洗净，挑去老梗。
2 将地瓜叶放入滚水中以中火汆烫约30秒后捞起，再淋上香葱肉臊酱拌匀即可食用。

# 味噌拌酱

用途：可当作猪肉或鸡肉菜的凉拌酱，香气浓郁又不抢肉片的风味。

**材料**
味噌2大匙，味淋1大匙，米酒1小匙，酱油1小匙，开水3大匙

**做法**
将所有材料混合搅拌均匀即可。

# 拌梅花肉片

示范菜谱

**材料**
梅花肉200克，四季豆100克，蒜末5克，姜末5克

**调料**
味噌拌酱适量

**做法**
1. 梅花肉片洗净；四季豆去蒂、去筋，洗净切段，备用。
2. 将洗净的梅花肉片放入沸水中汆烫约1分钟后取出；四季豆放入沸水中汆烫约1分钟捞出，浸泡在冰水中，待凉后取出。
3. 将味噌拌酱与蒜末、姜末调匀后备用。
4. 四季豆、梅花肉片盛入盘中，将酱汁淋入即可。

# 葱姜油酱

用途：可淋于各式凉拌海鲜、蔬菜类，清爽又可口。

🍲 **材料**

姜40克，葱40克，盐15克，味精5克，色拉油60毫升

🍱 **做法**

❶ 姜洗净切细末；葱洗净切葱花，备用。

❷ 取一碗，放入姜末、葱花、盐及味精，混合拌匀备用。

❸ 色拉油入锅加热至约160℃后，将油冲入做法2中拌匀放凉即可。

示范菜谱

# 葱油海蜇

🍲 **材料**

海蜇皮200克，胡萝卜20克，小黄瓜40克

🍶 **调料**

葱姜油酱3大匙，白醋1杯，番茄酱1杯，陈醋1杯，白糖1.5杯，盐1茶匙

🍱 **做法**

❶ 海蜇皮切丝，用500毫升约80℃的热水烫过后，持续冲冷水约10分钟至用指甲掐海蜇皮感觉会脆时，沥干备用。

❷ 胡萝卜及小黄瓜洗净切丝备用。

❸ 将海蜇皮丝、胡萝卜丝、小黄瓜丝加入葱姜油酱一起拌匀即可。

# 茄汁酱

用途：以西红柿为主再搭配菠萝，果香味甜中带酸，有开胃的作用，作为清淡食材如鱼肉和豆腐的淋拌酱最适合。

**材料**

Ⓐ 西红柿1个，菠萝罐头1罐，红辣椒1个，蒜3瓣，葱2根 Ⓑ 番茄酱1大匙，米酒1大匙，白醋1小匙，白糖1小匙，香油1小匙

**做法**

❶ 将西红柿洗净切小丁；罐头菠萝切小丁；红辣椒、蒜与葱都洗净切成碎状备用。

❷ 把做法1的材料与材料B一起搅拌均匀，再静置约30分钟即可。

示范菜谱

# 茄汁鱼块

**材料**

鲷鱼1片，洋葱1/2个，西红柿1/2个，罗勒2根，红辣椒1个

**调料**

茄汁酱1大匙，水适量

**腌料**

淀粉1大匙，米酒1大匙，盐少许

**做法**

❶ 将鲷鱼洗净切大片，放入调匀的腌料中腌渍一下，再放入滚水中汆烫至熟，沥干备用。

❷ 洋葱、西红柿洗净切小块；罗勒洗净切丝；红辣椒洗净切片，备用。

❸ 将做法2的材料与所有调料搅拌均匀，再加入鱼片轻轻拌匀即可。

# 泰式酸辣酱

用途：香茅、鱼露带出泰式酱料的鲜香特色，香茅和柠檬的香气有去腥的效果，适合作为海鲜类凉拌酱。

### 材料
Ⓐ 香茅1根，香菜2根，蒜3瓣，红辣椒2个　Ⓑ 鱼露1小匙，柠檬汁1/2个，白糖1大匙，酱油1小匙，鸡高汤2大匙，香油1小匙

### 做法
❶ 将香茅洗净切小段；香菜、蒜、红辣椒都洗净切碎备用。
❷ 将材料B放入容器中拌匀，再加入做法1的材料一起搅拌均匀即可。

# 泰式酸辣虾

### 材料
白虾12只，洋葱1/2个，小黄瓜1根，西红柿1个

### 调料
泰式酸辣酱1大匙

### 做法
❶ 把白虾剪去长须，再剪开背部、挑除沙筋，洗净，放入滚水中烫熟，沥干备用。
❷ 将洋葱洗净切丝，泡清水去除辣味，再拧干水分备用。
❸ 小黄瓜洗净切丝；西红柿洗净切小块备用。
❹ 将白虾、洋葱丝、小黄瓜丝、西红柿块与泰式酸辣酱一起放入容器中，搅拌均匀即可。

示范菜谱

# 酸辣酱

用途：适合用来凉拌鲜虾、鱿鱼等海鲜，或口味较重的牛肉片，也可以用来蒸鱼虾，或作为月亮虾饼的蘸酱。建议不习惯香茅气味的人，可以试试这个配方。

### 材料

红辣椒15克，蒜20克，鱼露50克，白糖20克，柠檬汁40克

### 做法

① 将红辣椒、蒜洗净切碎备用。

② 将所有材料混合拌匀即可。

---

# 酸辣大薄片

### 材料

猪头皮300克，香菜碎2克，碎花生10克

### 调料

酸辣酱5大匙

### 做法

① 煮开一锅水，放入猪头皮，用开水煮约40分钟至熟透。

② 将猪头皮捞起，用水冲约30分钟至凉透略有脆感，切成薄片，置于盘上备用。

③ 将香菜碎及所有调料拌匀淋至猪头皮片上，再撒上碎花生，食用时拌匀即可。

# 酸辣醋汁

用途：镇江醋风味独特，调制成酸辣酱，最适合气味清淡的水煮根茎凉拌菜。

**材料**
镇江醋1大匙，辣油1大匙，白糖1茶匙，盐1/6茶匙

**做法**
将所有的材料混合拌匀，即为酸辣醋汁。

# 酸辣土豆丝

**材料**
土豆1个（约150克），红辣椒10克，葱丝10克

**调料**
酸辣醋汁适量

**做法**
① 土豆去皮洗净、切丝，放入滚水中氽烫约30秒，捞出泡冰水；红辣椒洗净去籽、切丝，备用。

② 将土豆丝、红辣椒丝、葱丝与酸辣酱混合拌匀即可。

# 香酒汁

用途：可用于做醉鸡等冰镇菜。

**材料**

Ⓐ 鸡高汤50毫升，盐1/2茶匙，鸡精1/2茶匙，白糖1/4茶匙，当归1片，枸杞子1茶匙 Ⓑ 陈年绍兴酒200毫升

**做法**

❶ 将当归剪碎备用。

❷ 取一汤锅，将当归碎和其他材料A一起入锅煮开即可关火。

❸ 待汤凉后，倒入材料B拌匀即可。

---

**示范菜谱**

# 醉鸡

**材料**
土鸡腿1只

**调料**
香酒汁适量
（以可以完全浸泡食材为原则）

**做法**

❶ 土鸡腿洗净去骨，卷成圆筒状，用铝箔纸包好固定放入蒸笼，用大火蒸约12分钟取出，再以冷水泡凉，并撕掉铝箔纸备用。

❷ 将蒸好的鸡腿肉放入香酒汁中浸泡，约一天后即可食用。

# 香菇素酱

用途：香菇和香椿的香气都十分浓郁，这道纯素的酱料很适合凉拌蔬菜、豆腐，也可以拿来拌饭。

### 🥢 材料
泡发香菇50克，香椿酱2大匙，姜末40克，素蚝油5大匙，白糖2大匙，香油3大匙，色拉油2大匙

### 📋 做法
❶ 泡发香菇放入调理机中打碎取出。
❷ 热锅下香油及色拉油，将做法1的香菇末及姜末下锅小火炒香。
❸ 加入香椿酱、素蚝油、白糖一起小火炒匀即可。

示范菜谱

# 香菇酱拌芦笋

### 🥢 材料
芦笋150克

### 🥢 调料
香菇素酱2大匙

### 📋 做法
❶ 芦笋切去粗茎洗净；烧一锅水，将芦笋下锅汆烫20秒后取出，泡入冷水中降温再沥干水分。
❷ 将芦笋装盘，淋上香菇素酱即可。

# 港式蚝油酱

用途：有浓郁的鲜味，很适合搭配肉类、海鲜和蔬菜一起食用，有提味的效果。除此之外还可以加热当炒菜酱汁使用，风味也不错。

**材料**
蚝油50毫升，香油1小匙，白糖1小匙，白胡椒粉少许，水100毫升

**做法**
将所有的材料一起放入锅中，拌匀后以中火煮开即可。

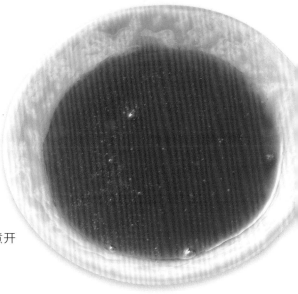

# 蚝油芥蓝

示范菜谱

**材料**
芥蓝200克，红辣椒适量

**调料**
港式蚝油酱适量

**做法**
❶ 将红辣椒洗净，去籽切成细丝，泡入冷水备用；将芥蓝洗净。
❷ 将芥蓝放入滚水中，以大火汆烫约1.5分钟后捞起，整齐排入盘中，淋上港式蚝油酱，放入红辣椒丝即可。

# 甘甜酱汁

用途：可以用来淋在蔬菜上，增添香甜风味。

### 材料
肉馅80克，红辣椒1个，红葱头3颗，蒜3瓣，酱油2大匙，冰糖1大匙，香油1小匙

### 做法
❶ 将红辣椒、蒜、红葱头洗净切片备用。

❷ 起一个炒锅，加入1大匙色拉油，加入做法1的材料和肉馅炒香，再加入酱油、冰糖、香油，以中火翻炒均匀即可。

---

# 水煮甘甜苦瓜

### 材料
苦瓜1/2根

### 调料
甘甜酱汁适量

### 做法
❶ 将苦瓜去籽去白膜洗净，切成小片状，再放入滚水中以大火氽烫约2分钟，捞起放入冰水中冰镇备用。

❷ 将做法1的苦瓜片放入盘中，再淋入炒香的甘甜酱汁即可。

# 辣豆瓣酸菜酱

用途：酸菜的咸香风味有去油解腻的作用，所以特别适合做猪肉、牛肉、羊肉类料理的拌酱或炒酱。

**材料**
Ⓐ 客家酸菜200克，芹菜2根，蒜3瓣，红辣椒1个，葱1根
Ⓑ 辣豆瓣酱2大匙，白糖1小匙，香油1大匙，白胡椒粉少许，水淀粉适量

**做法**
❶ 将客家酸菜洗去咸味，再切成小丁状，挤干水分备用。
❷ 把芹菜、红辣椒、葱都洗净切成小丁状；蒜洗净切碎，备用。
❸ 取一容器，放入酸菜丁、芹菜丁、红辣椒丁、葱丁、蒜碎及材料B，一起搅拌均匀即可。

# 豆瓣酸菜拌羊肉

**材料**
火锅羊肉片250克，葱2根，姜1小段，红辣椒1个

**调料**
辣豆瓣酸菜酱1大匙，米酒1大匙

**做法**
❶ 先将火锅羊肉片放入滚水中汆烫，再捞起沥干备用。
❷ 葱洗净切葱花；姜洗净切丝；红辣椒洗净切片备用。
❸ 取一炒锅，倒入1大匙色拉油烧热，加入做法2的材料以中火爆香，再加入所有调料翻炒均匀，取出淋在汆烫好的羊肉片上，一起搅拌均匀即可。

示范菜谱

# 柠檬糖醋酱

用途：可作为肉类、鱼类的蘸酱，也适合淋在清爽的凉拌菜上。

### 材料
开水3大匙，椰子糖1大匙，米醋3大匙，泰式鱼露1大匙，柠檬汁1大匙

### 做法
1. 取一碗，放入开水及椰子糖，搅拌至椰子糖溶化。
2. 于做法1的碗中加入其余材料拌匀即可。

示范菜谱

# 凉拌青木瓜丝

### 材料
Ⓐ 青木瓜1/4个，虾米1大匙，圣女果少许，炒香的花生（去膜）1大匙
Ⓑ 红辣椒1个，香菜少许

### 调料
柠檬糖醋酱适量

### 做法
1. 青木瓜去皮洗净切丝，漂水约10分钟，取出沥干水分。
2. 圣女果洗净切对半；红辣椒洗净切末；炒香的花生拍碎，备用。
3. 取一捣碗，放入青木瓜丝与柠檬糖醋酱，捣至青木瓜丝入味。
4. 再将切好的圣女果、红辣椒末、花生碎及虾米加入碗中拌匀，盛盘后摆上香菜即可。

# 椰汁咖喱酱

用途：咖喱调和椰汁后风味十分柔和，经过加热的过程香味更加提升，适合凉拌肉类和蔬菜，也可以用来做凉面的拌酱。

### 🥗 材料
洋葱100克，蒜50克，红葱头20克，水50毫升，色拉油80毫升，咖喱粉1/2杯，椰汁1/2杯，盐1茶匙，白糖3大匙

### 📋 做法
1. 洋葱、蒜及红葱头洗净，与水一起用果汁机打成泥。
2. 热锅，加入色拉油及做法1的材料炒软，续加入咖喱粉、椰汁、盐及白糖炒匀，煮至酱汁滚沸即可。

示范菜谱

# 咖喱拌猪排黄瓜

### 🥗 材料
猪肉排250克，小黄瓜丝100克

### 🥗 调料
盐1/4茶匙，白胡椒粉1/4茶匙，米酒1大匙，椰汁咖喱酱3大匙

### 📋 做法
1. 猪肉排洗净，均匀撒上盐、白胡椒粉，再加入米酒备用。
2. 小黄瓜丝铺盘底备用。
3. 热一平底锅，倒入适量油，放入猪肉排，以小火煎至两面微焦至熟后，取出切片，排放在小黄瓜丝上，食用前淋上椰汁咖喱酱略拌匀即可。

# 客家红糟酱

用途：适合作为水煮蔬菜的淋拌酱，可以中和蔬果类的寒性。

**材料**

客家红糟酱2大匙，姜碎1小匙，冷开水2大匙，柠檬汁1小匙，白糖1小匙，香油1大匙，米酒1大匙

**做法**

所有材料放入容器中搅拌均匀，再静置约10分钟即可。

---

# 红糟秋葵

**材料**

秋葵250克，黄甜椒1/4个，红辣椒1/4个

**调料**

客家红糟酱适量

示范菜谱

**做法**

❶ 秋葵去蒂洗净；黄甜椒洗净切片；红辣椒洗净切丝，备用。

❷ 做法1材料一起放入滚水中氽烫，再捞起沥干水分，备用。

❸ 把做法2氽烫好的蔬菜依序排入盘中，淋上适量客家红糟酱即可。

# 手撕鸡酱

用途：手撕鸡专用拌酱，香甜的醋味让鸡肉吃起来更鲜嫩。

### 材料
鲜味露2大匙，默林辣酱油2茶匙，白糖1茶匙，凉开水1大匙，香油1大匙，熟白芝麻1茶匙

### 做法
将所有材料混合拌匀即可。

# 川椒汁

用途：有花椒的香、辣椒粉的辣、辣油的香麻，三者完美融合，拌卤腌过的肉类非常合适，比如牛肚、牛腱、猪皮等。

### 材料
酱油2大匙，白糖1茶匙，凉开水1大匙，辣油2大匙，蒜末20克，葱花20克，花椒粉1/4茶匙，辣椒粉1/4茶匙

### 做法
将所有材料混合拌匀即可。

# 腐乳拌酱

用途：可用来蘸白斩鸡、油鸡或盐水鸡。

### 材料
豆腐乳4小块，蚝油1大匙，凉开水3大匙，白糖2茶匙，蒜末10克，红辣椒末10克，葱花10克，香油1大匙

### 做法
将豆腐乳压碎，加入蚝油、白糖及水拌匀至无结块后，再加入其余材料拌匀即可。

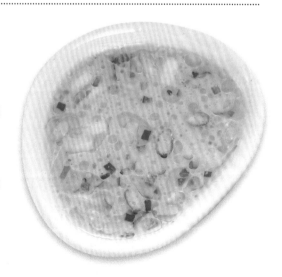

# 味噌酱油酱

用途：适用于鱼类、蔬菜类，可作为淋拌酱或蘸酱。

**材料**
白味噌2大匙，香油1小匙，酱油1小匙，白糖1大匙，开水1大匙

**做法**
将所有材料混合均匀，至白糖完全溶解即可。

---

# 味噌烫鱼片

示范菜谱

**材料**
鲷鱼片1片，姜6克，芹菜3根，红辣椒1个

**调料**
味噌酱油酱适量

**做法**
❶ 将鱼肉洗净，再切成大丁状，放入80℃的热水中烫约1分钟捞起备用。
❷ 将芹菜洗净切成段状；红辣椒、姜洗净切丝，都放入滚水中氽烫至熟，捞起备用。
❸ 再将做法1、2的所有材料混匀放入盘中，再淋入味噌酱油酱即可。

# 蒜味蚝油

用途：有浓郁的鲜味，适合搭配肉类、蔬果一起食用，有提味的效果。

**材料**
陈醋1大匙，蚝油2大匙，凉开水1大匙，白糖2茶匙，红辣椒末10克，蒜末15克，葱花10克，香油1大匙

**做法**
将所有材料混合拌匀即可。

# 双椒汁

用途：独特风味的酱汁，淋拌肉类或豆腐皆可。

**材料**
青辣椒50克，红辣椒50克，蒜末30克，酱油3大匙，白糖1茶匙，香油1大匙，水2大匙

**做法**
❶ 青、红辣椒洗净后切末。
❷ 热锅，倒入2大匙色拉油，小火炒香青、红辣椒末及蒜末。
❸ 续加入水、酱油、白糖，煮开后淋入香油，放凉即可。

# 香椿拌酱

用途：味道浓郁，适合与清淡无味的食材搭配，此酱料与黑木耳凉拌，更能吃出其爽脆口感，也可用来拌饭、拌面。

**材料**
香椿酱2大匙，酱油2大匙，白糖1茶匙，蒜末20克，香油1大匙

**做法**
将所有材料混合拌匀即可。

# 胡麻酱

用途：有芝麻的香气又带点辣味，非常适合作为蔬菜类菜品的蘸酱，直接拿来拌面也很好吃。

### 材料
麻酱2大匙，白芝麻少许，盐少许，白胡椒粉少许，红辣椒1/3个，香菜1根，开水1大匙

### 做法
❶ 将红辣椒、香菜都洗净切成碎状备用。

❷ 将红辣椒碎、香菜碎和其余材料混合均匀即可。

# 胡麻四季豆

示范菜谱

### 材料
四季豆250克

### 调料
胡麻酱适量

### 做法
❶ 将四季豆去头尾老丝洗净，放入滚水中以大火余烫约1分钟，捞起放入冰水中冰镇备用。

❷ 然后将四季豆摆盘，再淋入胡麻酱即可。

**料理贴士**　像四季豆这类蔬菜表面光滑不容易粘附酱汁，所以通常都会搭配浓稠度高一点的酱料，水加得愈少，酱料的粘附力愈好。

# 奶油洋葱酱

用途：属于西式酱汁，适合用于凉拌根茎类蔬菜，例如玉米笋、洋芋等。

## 材料

洋葱1/4个，蒜2瓣，葱1根，奶油30克，鸡精1小匙，盐少许，白胡椒粉少许

## 做法

❶ 将洋葱、葱和蒜均洗净切成碎状备用。

❷ 起炒锅，先加入奶油，再加入洋葱碎、葱碎、蒜碎爆香，最后加入其余的材料炒匀即可。

---

# 奶油玉米笋

示范菜谱

## 材料

玉米笋200克

## 调料

奶油洋葱酱适量

## 做法

❶ 将玉米笋去蒂洗净，放入沸水中以中火氽烫约2分钟至熟，捞起备用。

❷ 将氽烫好的玉米笋摆盘，再淋入奶油洋葱酱即可。

# 莎莎酱

用途：西式热门酱料，搭配海鲜非常合适，也可做成生菜沙拉。

### 材料
西红柿丁150克，红辣椒末10克，洋葱末80克，蒜末30克，香菜末8克，橄榄油2大匙，柠檬汁2大匙，水50毫升，盐1茶匙，白糖2茶匙

### 做法
1. 热锅加入橄榄油，将红辣椒末、洋葱末、蒜末入锅炒香。
2. 加入其他材料煮开放凉即可。

# 酸甜橙汁

用途：香甜的水果风味是东南亚常见的酱料配方，柠檬与柳橙可以使食材更清爽。

### 材料
姜末5克，红辣椒末5克，鲜香吉士汁6大匙，柠檬汁1大匙，白糖1大匙，盐1/4茶匙

### 做法
将所有材料混合拌匀即可。

# 芥末芝麻酱

用途：常见的日式酱料，芝麻浓郁黏稠，加上芥末呛辣的滋味，较适合与清淡食材搭配食用。

### 材料
芝麻酱2大匙，酱油2大匙，白醋1大匙，白糖2茶匙，凉开水2大匙，红辣椒末15克，香油1茶匙，芥末酱1大匙，蒜末15克

### 做法
芝麻酱先用凉开水调稀，再依序加入其他所有材料拌匀即可。

# 泰式甜辣酱

用途：泰式知名的调味酱，适合搭配各式海鲜。

### 📋 材料
泰式甜鸡酱5大匙，鱼露1大匙，葱花30克

### 📋 做法
将所有材料混合拌匀即可。

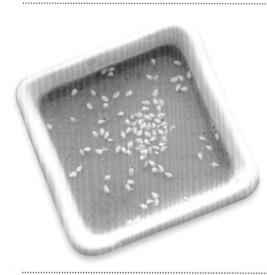

# 日式胡麻酱

用途：浓稠的口感较适合蔬菜类的凉拌菜，更能衬托本身的清甜。

### 📋 材料
芝麻酱1大匙，柴鱼酱油2大匙，凉开水1大匙，蒜泥10克，白糖1茶匙，香油1茶匙，熟白芝麻1茶匙

### 📋 做法
芝麻酱先用凉开水调稀，再依序加入其他所有材料拌匀即可。

# 日式油醋

用途：这是一款口味清爽的拌酱，适合与蔬菜、沙拉做调味。

### 📋 材料
酱油2大匙，苹果醋4大匙，白糖2大匙，蒜末10克，熟白芝麻1茶匙

### 📋 做法
将所有材料混合，充分拌匀即可。

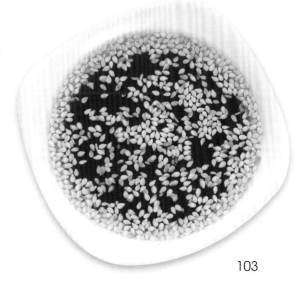

# 蜂蜜酱

用途：浓稠的甜味酱汁，适合作为蔬菜和肉类的沙拉酱、蘸酱等。

**材料**
酱油1小匙，沙拉酱3大匙，蜂蜜2大匙，柠檬汁1小匙，盐少许，黑胡椒少许，凉开水适量

**做法**
将所有材料放入容器中搅拌均匀呈糊状，静置约10分钟即可。

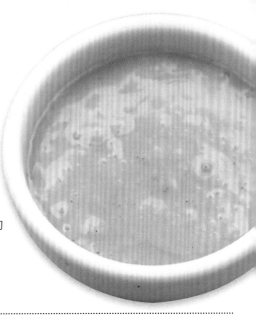

示范菜谱

# 蜂蜜生菜

**材料**
生菜1/2棵，胡萝卜20克

**调料**
蜂蜜酱适量

**做法**
❶ 生菜洗净切成小块状；胡萝卜洗净去皮，切成薄片状备用。
❷ 将生菜块和胡萝卜片放入滚水中汆烫，捞起沥干，盛盘，淋入适量蜂蜜酱即可。

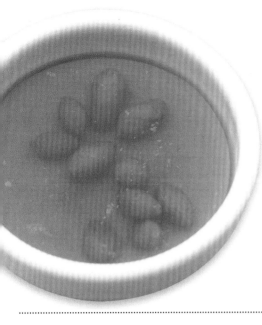

# 肉骨茶酱

用途：口味清爽，适合与蔬菜、沙拉做调味。

### 材料
Ⓐ 洋葱丝1/2个，蒜片5克，水淀粉适量 Ⓑ 肉骨茶包1包，香油1小匙，豆瓣酱1小匙，盐少许，枸杞子10克，白胡椒粉少许，凉开水300毫升

### 做法
❶ 起油锅，放入洋葱丝和蒜片以中火爆香。
❷ 续加入材料B，以中火煮约10分钟，再倒入水淀粉勾薄芡即可。

# 葱姜蒜综合泥酱

用途：可用来汆烫肉片、海鲜，以及作为青菜蘸酱、快炒酱等。

### 材料
葱末1大匙，姜末1大匙，蒜末1大匙，香油1/2大匙，盐2小匙

### 做法
所有材料拌匀即可。也可用1大匙色拉油取代1/2大匙香油，准备一个小碗，把葱末、姜末、蒜末、盐放入其中，然后将色拉油烧热后倒入小碗中，趁油热将所有材料混合拌匀即可。

# 姜蓉酱

用途：可用来蘸白斩鸡、油鸡或盐水鸡。

### 材料
姜泥1杯，葱末2根，盐1小匙，鸡油1大匙，麻油1/2小匙，鸡精1小匙

### 做法
所有材料拌匀即可。

# 鲜辣淋汁

用途：可用于凉拌海鲜或青菜。

### 🍲 材料
辣椒酱1大匙，白糖1大匙，白醋1大匙，蒜泥1小匙，葱花1大匙，热开水1大匙，香油1小匙

### 📋 做法
❶ 将白糖倒入热开水中搅拌至溶解。

❷ 再加入其余材料调匀即可。

# 椒味淋汁

用途：青辣椒香气浓郁，用于各种适合添加辣味的小吃、肉类都对味。

### 🍲 材料
青辣椒1个，陈醋3大匙，蒜泥1大匙，白糖1大匙，香油1小匙

### 📋 做法
❶ 青辣椒剖开去籽后，洗净剁碎备用。

❷ 加入其余材料调匀至白糖完全溶解即可。

# 兰花淋汁

用途：原来是兰花茄子的拌酱，除此之外也适用于各种清蒸或氽烫的蔬菜。

### 🍲 材料
蒜泥1大匙，葱末1大匙，陈醋1大匙，酱油1大匙，蚝油1大匙，白糖1大匙，色拉油1大匙

### 📋 做法
❶ 热锅，倒入色拉油以小火爆香蒜泥和葱末。

❷ 再加入其余材料拌匀，煮至滚沸即可。

# 三味淋汁

用途：可作为各式肉类、海鲜凉拌菜的淋酱。

### 📋 材料
蒜泥1小匙，红辣椒末1小匙，鲜味露2大匙，陈醋1大匙，白糖1大匙，热开水2大匙

### 📋 做法
❶ 将白糖倒入热开水中搅拌至溶解。

❷ 再加入其余材料调匀即可。

# 咖喱淋酱

用途：可用于淋在白饭或面上，另外也适合淋在氽烫的菜上。

### 📋 材料
咖喱粉2大匙，沙茶酱2大匙，洋葱末1大匙，蒜泥1大匙，蚝油2大匙，白糖2小匙，水4大匙

### 📋 做法
❶ 热锅，倒入少许色拉油以小火爆香洋葱末和蒜泥。

❷ 加入咖喱粉略炒香，再加入其余材料拌匀，煮至滚沸即可。

# 香芒淋酱

用途：适合用于凉拌蔬菜或是清爽口味的食材。

### 📋 材料
芒果肉60克，花生酱2大匙，柠檬汁2小匙，白糖1小匙，盐1/6小匙

### 📋 做法
❶ 芒果肉压成泥备用。

❷ 于芒果泥中加入其余材料调匀即可。

# 怪味酱

用途：集酸、甜、辣、麻、香五种风味为一体的怪味酱，最著名的菜就是怪味鸡，也适合与其他食材搭配做凉拌，不适合加热食用。

### 🍳 材料

酱油50毫升，白醋10毫升，辣油20毫升，白糖15克，香油40毫升，芝麻酱25克，白芝麻15克，花椒末2克

### 🍴 做法

取容器加入所有的调料，再用汤匙搅拌均匀即可。

# 油醋酱

用途：酸酸甜甜的油醋酱适合搭配海鲜，清爽顺口。

### 🍳 材料

洋葱碎1大匙，橄榄油2大匙，白酒醋2大匙，黑胡椒粒1小匙，盐1/2小匙，白糖1小匙，柠檬汁少许

### 🍴 做法

将所有的材料混合搅拌均匀即可。

# 橘汁辣拌酱

用途：适合作为肉类、海鲜的拌酱或蘸酱。

### 🍳 材料

甜辣酱50克，客家橘酱100克，白糖10克，香油40毫升，姜15克

### 🍴 做法

❶ 姜切成细末备用。

❷ 将所有材料混合拌匀至白糖溶化即可。

# 香葱蒜泥淋酱

用途：可用于凉拌青菜、肉片、黑白切等。

**材料**
红葱头30克，蒜泥30克，酱油3大匙，白糖2大匙，水4大匙，色拉油2大匙

**做法**
1. 红葱头去皮洗净剁碎备用。
2. 热锅，倒入色拉油，以小火爆香红葱头碎，至红葱头碎呈金黄色。
3. 加入蒜泥略炒香，再加入酱油、水、白糖拌匀，煮至白糖溶解、酱汁滚沸即可。

# 味噌辣酱

用途：可用于凉拌水煮海鲜，或是作为关东煮的蘸酱。

**材料**
味噌2大匙，甜辣酱2大匙，海山酱1大匙，姜汁1大匙，白糖1大匙，热开水2大匙，香油1大匙

**做法**
1. 将白糖倒入热开水中搅拌至溶解。
2. 再加入其余材料调匀即可。

# 泰式辣味鸡酱

用途：和各种海鲜类搭配做淋酱或蘸酱都十分适合。

**材料**
红辣椒粉2大匙，红辣椒2个，水200毫升，鱼露1大匙，白糖2大匙，水淀粉少许

**做法**
1. 将红辣椒洗净切碎。
2. 将水倒入炒锅中加热煮沸，放入红辣椒粉、碎辣椒、鱼露、白糖。
3. 煮滚后，用水淀粉勾芡即可。

# 辣蚝酱

用途：可以用来做凉拌青菜。

**材料**
蒜2瓣，辣椒酱1大匙，蚝油1大匙，水2大匙，白糖1茶匙，色拉油2大匙

**做法**
1. 蒜洗净切碎末备用。
2. 热锅，倒入色拉油烧热，先放蒜末及辣椒酱以小火炒约30秒，再加入蚝油、水及白糖煮开即可。

# 豆瓣醋汁

用途：酸辣的滋味适用所有菜，非常适合作为餐前开胃菜的酱料。

**材料**
辣豆瓣酱2大匙，陈醋1大匙，白糖1大匙，凉开水2大匙，蒜末15克，香油1大匙

**做法**
将所有材料调匀即可。

# 面酱汁

用途：浓稠的甜面酱制成的酱料，除了与烤鸭搭配食用外，也可与其他肉类搭配做成凉拌来，此外还可以当做炒菜酱或烧烤类蘸酱。

**材料**
甜面酱100克，凉开水30毫升，白糖30克，香油40毫升，蒜30克

**做法**
1. 蒜洗净磨成蒜泥备用。
2. 将所有材料混合拌匀即可。

# 八角蒜蓉酱

用途：十分清爽的酱汁，香料香气十分鲜明，可以用来凉拌水煮蔬菜、水煮肉片等。

**材料**
蒜6瓣，八角2粒，丁香2粒，月桂叶2片

**调料**
鸡高汤300毫升，黑醋1小匙，盐少许

**做法**
❶ 蒜拍扁，备用。
❷ 起油锅，加入蒜以中火爆香，再加入其余材料和所有调料，以中火煮约10分钟即可。

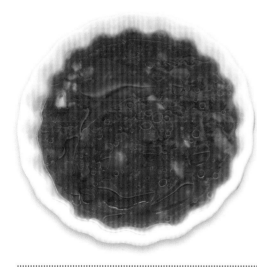

# 蒜味辣酱

用途：蒜可以去腥提味，加点辣更开胃，适合海鲜、肉类凉拌。

**材料**
辣椒酱3大匙，蒜末20克，白糖2茶匙，凉开水3大匙，香油2大匙

**做法**
将所有材料混合拌匀即可。

# 椒麻汁

用途：泰式酱料多层次的风味，适合肉类、海鲜，搭配起来又酸又辣，清香迷人。

**材料**
红辣椒末5克，蒜末10克，柠檬汁1大匙，鱼露2大匙，白醋1茶匙，白糖1大匙，凉开水1大匙，花椒粉少许

**做法**
将所有材料混合拌匀即可。

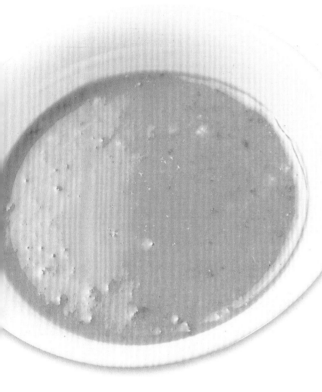

# 芥末辣椒酱

用途：用于凉拌海鲜最对味，也可以搭配蘸肉类菜品食用。

**材料**

姜15克，腌渍辣椒100克，芥末粉25克，冷开水40毫升，温开水30毫升，色拉油100毫升，香油适量，白糖2大匙，白醋1大匙，盐8克

**做法**

❶ 姜、腌渍辣椒与冷开水、盐一起放入果汁机中搅碎。

❷ 芥末粉用温开水调匀，静置10分钟备用。

❸ 起一锅放入色拉油及香油烧热至油温约60℃，放入做法1的辣椒泥及白糖、白醋以小火炒约5分钟，呈现浓稠后起锅，放凉后与芥末粉水一起拌匀即可。

# 韩式辣椒酱

用途：韩式口味的辣酱较辛，适合本身味道淡的食材，比如白肉、蔬菜等。

**材料**

蒜泥15克，葱花15克，韩式辣椒酱2大匙，白糖2茶匙，凉开水2大匙，香油2茶匙

**做法**

将所有材料混合即可。

# PART 4

# 蘸酱

把食材放入清水中简单汆烫一下，蘸上特别调制的酱料一起食用，口口清爽又能吃到天然的原味！

# 蒜蓉酱

用途：蒜跟葱可以去腥提味，制成酱料后用来蘸肉类或海鲜皆可。

**材料**
蒜2头，葱1根，香菜1根，酱油3大匙，米酒1大匙，白糖1小匙，白胡椒粉1小匙

**做法**
❶ 将所有材料洗净切成碎状备用。
❷ 取一个容器，加入做法1的所有材料和酱油、米酒、白糖、白胡椒粉，再以汤匙搅拌均匀即可。

# 蒜泥白肉

**材料**
三层肉300克，香菜少许，红辣椒丝少许

**调料**
蒜蓉酱适量

**做法**
❶ 将三层肉洗净，放入锅中加入冷水，盖上锅盖以中火煮开，续煮10分钟，再关火焖30分钟，捞起备用。
❷ 将煮好的三层肉切成薄片状，再依序排入盘中。
❸ 将调好的蒜蓉酱均匀地淋入排好的三层肉上面。
❹ 放上适量香菜与红辣椒丝装饰即可。

示范菜谱

# 五味酱

用途：用来蘸食肉类或海鲜皆可。

**材料**

Ⓐ 姜10克，蒜5瓣，红辣椒1个，香菜2根　Ⓑ 酱油1大匙，米酒1大匙，番茄酱2大匙，白糖1小匙，香油1小匙

**做法**

❶ 将全部的材料A洗净，切碎，备用。

❷ 取一容器，放入做法1的所有材料与材料B，充分搅拌均匀即可。

# 五味章鱼

**材料**

小章鱼250克，洋葱1/3颗，香菜2根，红辣椒1个

**调料**

五味酱1大匙，米酒1小匙

示范菜谱

**做法**

❶ 小章鱼洗净；洋葱洗净切丝，泡入清水中（去除辛辣味），再取出拧干水分；香菜、红辣椒都洗净切成碎状，均放入容器中。

❷ 调料混合均匀，倒入容器中即可（也可以用蘸酱的方式食用）。

# 柚子茶橘酱

**用途：** 不仅可以拿来泡茶，也可以搭配菜一起食用。在调酱时加入1大匙酱油，可以中和橘酱的酸味，适合用来蘸食肉类，特别是白切鸡。

**材料**
韩国柚子茶1大匙，客家橘酱1大匙，酱油1大匙

**做法**
将所有材料混合调匀即可。

# 柚香白切鸡

**材料**
去骨鸡腿排1只，姜6克，葱1根

**调料**
柚子茶橘酱适量

示范菜谱

**做法**
1. 将姜洗净切片；葱洗净切段备用。
2. 将鸡腿洗净，放入锅中，加入冷水淹过鸡腿，再加入做法1的材料，盖上锅盖以中火煮开约10分钟，再关火焖20分钟。
3. 取出鸡腿切成块状，搭配柚仔茶橘酱即可。

# 酸辣蘸酱

用途: 可用于蘸水饺、煎饺、水煎包等面类制品。

**材料**

酱油1茶匙，蚝油1茶匙，白醋1茶匙，白糖1茶匙，辣椒油1大匙，凉开水2茶匙

**做法**

取一干净的碗，将所有材料倒入碗中拌匀即可。

# 客家金橘蘸酱(1)

用途: 可以用来蘸水煮五花肉、鸡肉、青菜、凉拌青菜等。

**材料**

金橘600克，白糖200克，盐1小匙，酒1大匙，红辣椒末10克

**做法**

将成熟金橘洗净晾干，放入蒸笼蒸熟，再切半去籽，磨成泥，加盐、白糖、酒、红辣椒末拌匀，盛装瓶子即可。

# 客家金橘蘸酱(2)

用途: 可以用来蘸水煮五花肉、鸡肉、青菜、凉拌青菜等。

**材料**

金橘酱2/3杯，白糖1.5大匙，酒1大匙，柠檬醋1大匙

**做法**

将所有材料混合拌匀即可。

注: 最早客家橘酱是直接用金橘肉去制作，金橘酱加糖是后来比较简单的改良做法，不过两种做法味道差异颇大。

# 塔塔酱

用途：拿它来搭配炸鱼排、生菜或是无盐饼干都很不错！

### 材料

鸡蛋1个，洋葱20克，酸黄瓜20克，芹菜5克，沙拉酱80克，味淋10毫升

### 做法

1. 鸡蛋放入沸水中煮熟，取出去壳，切碎备用。
2. 洋葱、酸黄瓜、芹菜洗净切碎，与蛋碎一起放入碗中，加入味淋、沙拉酱搅拌均匀即可。

---

# 塔塔酱三文鱼

示范菜谱

### 材料

三文鱼200克，芹菜5克

### 调料

塔塔酱100克

### 做法

1. 三文鱼洗净切片；芹菜洗净切碎，备用。
2. 将三文鱼片放入沸水中烫熟后取出，排入盘中，放入塔塔酱与欧芹即可食用。

# 海南鸡酱

用途：海南鸡专用酱料，酸辣滋味让肉类、海鲜更提鲜，与贝类快炒，也是个好选择。

**材料**

红辣椒末15克，姜末15克，蒜末20克，香菜末5克，柠檬汁2茶匙，蚝油2大匙，白糖1茶匙，凉开水1大匙

**做法**

将所有材料拌匀即成海南鸡酱。

---

# 海南鸡

**材料**

土鸡腿2只

**调料**

海南鸡酱2大匙

**做法**

1. 烧一锅水，水开后放入鸡腿，转小火让水保持在微滚的状态。
2. 20分钟后取出鸡腿，泡入凉开水中降温。
3. 将泡凉的鸡腿切块装盘，再将海南鸡酱淋至鸡腿上即可。

# 客家酸甜酱

用途：橙子、米酒和糖中和了客家橘酱的咸味，作为水煮肉类的蘸酱或炒酱都适合。

### 🥄 材料
橙子1个，客家橘酱3大匙，白糖少许，柠檬1/2个，香油1小匙，米酒1小匙

### 🍲 做法
❶ 将橙子去皮，切取出片状果肉，备用。
❷ 将橙子果肉与其余材料一起加入容器中，搅拌均匀即可。

# 梅子酱

用途：用来蘸白斩鸡、白切肉或者是鹅肉，味道都非常好。

### 🥄 材料
紫苏梅100克（果肉60克、汤汁40克），姜20克，白糖30克，香油20毫升

### 🍲 做法
❶ 将紫苏梅与汤汁放入果汁机，加入姜及白糖，打成泥状。
❷ 取出梅子泥，加入香油拌匀即可。

# 辣梅酱

用途：又酸又辣的风味，与海鲜搭配非常对味，除此之外作为各种肉类蘸酱也是一绝。

### 🥄 材料
紫苏梅100克（果肉60克、汤汁40克），辣椒酱60克，蒜末20克，白糖40克，香油30毫升

### 🍲 做法
❶ 将紫苏梅与汤汁放入果汁机中，加入蒜末、辣椒酱及白糖，打成泥状。
❷ 取出梅子泥加入香油拌匀即可。

# 甜辣酱

用途：可用于作为水煮海鲜、肉片蘸酱，热狗或汉堡淋酱，或是粽子、筒仔米糕蘸酱。

**材料**
辣椒酱2大匙（以人工研辣椒酱效果较佳），白糖1小匙，凉开水1小匙

**做法**
将所有材料混合调匀就成了甜辣酱。

# 蜜汁火腿酱

用途：作为蜜汁火腿蘸酱或炸海鲜饼蘸酱均可。

**材料**
红枣油200毫升，冰糖6大匙，米酒（或酒酿）2大匙，火腿250克，淀粉1小匙，水1大匙

**做法**
1. 将火腿排入汤碗，上面放上洗净的红枣，依序加入冰糖、米酒，放入锅中蒸2小时。
2. 将汤汁倒出约1杯，放入容器内加热，以勾芡水淀粉煮至浓稠即为蜜汁火腿酱，蒸煮过后的火腿夹入土司内食用即可。

# 蒜味油膏

用途：用来蘸白斩鸡、白切肉或者是鹅肉，味道都非常好。

**材料**
酱油1/2杯，白糖2大匙，蒜末2大匙，胡麻油1小匙

**做法**
将所有材料混合拌匀即可。

# 花生辣酱

用途：花生加芝麻有浓郁的核果风味，很适合做水煮猪肉或白切鸡的蘸酱，作为凉面酱也十分对味。

**材料**
蒜泥1大匙，凉开水30毫升，葱花30克，香滑花生酱2大匙，细红辣椒酱4大匙，甜辣酱2大匙

**做法**
将所有材料混合拌匀，即为花生辣酱。

---

# 白切肉

示范菜谱

**材料**
梅肉（猪肉）300克，姜丝10克

**调料**
花生辣酱2大匙

**做法**
❶ 汤锅中加入清水，将整块梅肉放入汤锅，煮滚后转小火煮约15分钟至熟。
❷ 取出熟梅肉放凉，切片装盘，摆上姜丝，食用时蘸花生辣酱食用即可。

# 云南酸辣酱

用途：可用于蘸水饺、煎饺、水煎包等面类制品，另外蘸肉类也很对味。

**材料**
海山酱3大匙，番茄酱3大匙，柠檬汁1小匙，盐少许，白胡椒粉少许，香菜少许

**做法**
❶ 香菜洗净，切碎备用。
❷ 取一容器，加入香菜末和其余所有材料，再用汤匙搅拌均匀即可。

---

示范菜谱

# 云南大薄片

**材料**
猪颈肉180克，洋葱1/3个，香菜2根，红辣椒1个，蒜2瓣

**调料**
云南酸辣酱适量

**做法**
❶ 将猪颈肉放入冷冻中微冻，取出切成薄片，再放入滚水中快速汆烫5～7秒，捞起备用。
❷ 将洋葱洗净切成丝状，放入冷水中洗去辛辣味，再拧干水分；香菜洗净切成碎状；红辣椒洗净切丝；蒜洗净切片备用。
❸ 将做法2的所有材料混合均匀，铺在盘中，再将汆烫好的猪颈肉铺在上面。
❹ 最后将云南酸辣酱均匀地淋在盘上即可。

# 蜜汁淋酱

用途：用来蘸各式炸物都很适合。

### 材料
蒜泥1大匙，姜汁1大匙，蚝油2大匙，麦芽糖3大匙，水5大匙，酱油1大匙，五香粉1/8小匙

### 做法
① 将所有材料放入锅中，以小火一边煮一边搅拌均匀。
② 持续拌煮至麦芽糖溶化、酱汁滚沸即可。

示范菜谱

# 蜜汁鸡排

### 材料
鸡胸肉150克，葱2根，姜10克，蒜40克

### 调料
Ⓐ 五香粉1/4小匙，白糖1大匙，鸡精1小匙，酱油1大匙，小苏打1/4小匙，料酒2大匙 Ⓑ 淀粉适量，蜜汁淋酱2大匙 Ⓒ 水100毫升

### 做法
① 鸡胸肉洗净去皮，从侧面横剖到底，不要切断，摊开成一大片鸡排备用。
② 蒜去皮后，和葱、姜一同洗净放入榨汁机，倒入水搅打成汁，滤除葱、姜、蒜渣，加入所有调料A，拌匀成腌汁备用。
③ 将做法1的鸡排放入腌汁中，覆上保鲜膜后放入冰箱冷藏，腌渍约2小时。
④ 将腌好的鸡排蘸上淀粉。
⑤ 油锅至油温约180℃，放入做法4的鸡排，炸约2分钟至表面呈金黄色后起锅沥干油，淋上蜜汁淋酱即可。

# 蒜味红曲淋酱

用途：可用于海鲜或青菜的蘸酱。

**材料**
蒜末1小匙，红曲汁1大匙，蚝油1大匙，白糖1小匙，香油1小匙

**做法**
将所有材料调匀至白糖完全溶解即可。

# 西式芥末籽酱

用途：用来蘸各式炸物和烫青菜都很适合。

**材料**
沙拉酱100克，芥末籽酱1.5大匙，柠檬汁少许，盐少许，黑胡椒少许

**做法**
将所有材料依序放入容器中，充分搅拌均匀即可。

# 烫花枝鱿鱼蘸酱

用途：可作为水煮海鲜、五花肉蘸酱。味噌的种类很多，买时不要挑味道太浓太咸的，味道甘甜一点的味噌效果最好。

**材料**
味噌1大匙，番茄酱2大匙，白糖1大匙，香油1小匙，姜泥1大匙

**做法**
将所有材料（除了姜泥以外）放入碗中一起调匀，再放上姜泥即可。

# 炸花枝蘸酱

用途：可作为油炸海鲜或蔬菜蘸酱。

📋 **材料**

陈醋1大匙，葱末1大匙，蒜末1大匙，红辣椒末少许，姜末1小匙，香菜末1小匙，白糖1小匙，番茄酱1大匙，香油少许

📋 **做法**

把所有材料混合调匀即可。

# 九孔贝类蘸酱

用途：可作为清蒸贝类海鲜蘸酱，或高汤火锅的蘸酱。

📋 **材料**

酱油1大匙，番茄酱2大匙，陈醋1大匙，白糖1小匙，甜辣酱1大匙，姜末1小匙，蒜末1小匙，香油少许

📋 **做法**

把所有材料调开拌匀即可。

# 豆乳泥辣酱

用途：用来炒、蒸、烩、蘸皆可。

📋 **材料**

豆腐乳1块，果糖1/2大匙，辣油1大匙，水2/3杯，酱油1/2大匙，蒜泥1大匙，葱末1大匙

📋 **做法**

❶ 先将豆腐乳压成泥状与水拌匀，再加入果糖、辣油、酱油，用小火煮沸。

❷ 要吃时再加入蒜泥、葱末即可使用。

注：如用白开水拌匀所有材料，不需煮沸，可立即做蘸酱使用。

# 中国奶酪酱
## （豆腐乳沙拉酱）

用途：可作为海鲜蘸酱、白肉蘸酱和鸭肉蘸酱等。

### 材料
Ⓐ 辣豆腐乳5块　Ⓑ 苹果醋2大匙，味淋1大匙，酱油2大匙，果糖1小匙

### 做法
❶ 将辣豆腐乳搅碎。
❷ 加入材料B一同拌匀即可。

# 梅子糖醋酱

用途：可用于蘸鸡肉、白切肉和甜不辣等。也可用这道酱料来做糖醋排骨。

### 材料
腌渍梅子1杯，镇江醋1.5杯，白糖3杯，番茄酱1.5杯

### 做法
❶ 腌渍梅子搅成泥，过筛去籽、去皮。
❷ 续加入其余材料，煮沸拌匀即可。

# 姜蒜醋味酱

用途：水煮蟹脚搭配姜蒜醋味酱最配，既去腥又能提鲜。姜蒜醋的比例很重要，加1大匙糖味道会更好。

### 材料
蒜2瓣，姜10克，白醋3大匙，白糖1大匙

### 做法
将蒜与姜都洗净切成碎状，加入其余材料混合拌匀即可。

# 南姜豆酱

用途：适合用来蘸白灼肉类或海鲜。

### 材料
客家豆酱200克，南姜50克，凉开水80毫升

### 做法
1 客家豆酱沥干汁液，放入果汁机，加凉开水打匀。
2 将南姜磨成泥状，再加入处理好的客家豆酱搅拌均匀即可。

# 虾味肉臊

用途：可用来淋在水煮青菜上，或用来拌面。

### 材料
肉馅100克，虾米1大匙，蒜2瓣，红辣椒1/3个，酱油1小匙，水100毫升

### 做法
1 将蒜、红辣椒洗净切成碎状备用。
2 取炒锅，先加入1大匙色拉油（材料外），再加入肉馅、虾米和做法1的材料爆香，最后加入其余材料煮滚即可。

# 乳香酱

用途：除了当作一般水煮蔬食的蘸酱外，也可以当作沙拉酱，拿来做各种沙拉。

### 材料
沙拉酱3大匙，酱油少许，味噌1小匙，香油1小匙，白糖1小匙

### 做法
取一容器，加入所有材料，搅拌均匀即可。

# 姜丝醋

用途：可作为水煮海鲜、肉片蘸酱，热狗或汉堡淋酱，或是粽子、筒仔米糕蘸酱。

**材料**
姜丝适量，镇江醋适量，酱油适量

**做法**
将镇江醋和酱油调匀，加入姜丝即可。

# 生蚝蘸酱

用途：可直接淋在生蚝、生虾等生鲜食的海鲜上。

**材料**
洋葱1/8个，蒜2瓣，番茄酱3大匙，蜂蜜1茶匙，白糖1茶匙，默林辣酱1大匙

**做法**
将洋葱及蒜洗净切成末后，加入其余材料拌匀即可。

# 辣油膏淋酱

用途：可以用于蘸传统卤味、黑白切、葱油饼、蛋饼、萝卜糕，用途十分广泛。

**材料**
辣椒酱2大匙，酱油2大匙，白糖1大匙，蒜泥1大匙

**做法**
将所有材料调匀至白糖完全溶解即可。

# 蒜蓉茄酱

用途：酸甜的滋味最适合蘸各种炸物。

**材料**
蒜泥1大匙，番茄酱1大匙，酱油2大匙，白糖2大匙，香油1小匙

**做法**
将所有材料调匀至白糖完全溶解即可。

# 麻辣酱

用途：可用来作为凉面酱或蘸酱。

**材料**
辣油4大匙，香醋1茶匙，白糖1茶匙，酱油1茶匙，蒜泥1/2茶匙，麻油1/4茶匙

**做法**
1 红油放入碗中备用。
2 香醋、白糖、酱油、蒜泥、麻油一起放入红油中混合均匀即可。

# 浙醋淋汁

用途：用来搭配鱼翅汤、各种羹汤，以及小笼包、汤包、烧卖都对味。

**材料**
大红浙醋3大匙，姜末1小匙，白糖1大匙，盐少许

**做法**
将所有材料调匀至白糖完全溶解即可。

# 青蒜醋汁

用途：适合用来蘸白切鸡、白切猪肉。

**材料**
蒜苗1根，米醋1/2碗

**做法**
将蒜苗洗净后只取蒜白部分，并切成细末状，
加入装米醋的碗中，混合均匀即可。

# 芝麻腐乳淋汁

用途：可淋于各种汆烫肉类或是涮肉片上，尤其
是味道重的肉类比如羊肉更适合。

**材料**
芝麻酱1大匙，红腐乳1大匙，凉开水2大匙，蒜
泥1大匙，葱花1大匙，香菜末1小匙，香油1大匙

**做法**
将所有材料混合调匀即可。

# 香芹蚝汁

用途：适合用来蘸水煮海鲜、肉类。

**材料**
蚝油4大匙，香芹粉1茶匙，香油1/2茶匙，白糖
1/4茶匙

**做法**
将所有材料一起混合均匀即可。

# 海山酱

用途：可用于作为粽子、甜不辣或蚵仔煎蘸酱等。海山酱是台式酱料中很重要的基础酱料，利用海山酱可以再调制出许多不同的酱料。

### 🍲 材料
大米粉2大匙，酱油3～4大匙，白糖2～3大匙，水2.5杯，盐适量，甘草粉少许，味噌1大匙，番茄酱少许

### 🍳 做法
将所有材料放入锅中，一起调匀煮开放凉即可。

# 蒜末辣酱

用途：用来蘸肉类、海鲜皆可。

### 🍲 材料
Ⓐ 蒜5瓣，红辣椒1个，葱末适量　Ⓑ 酱油1大匙，酱油2大匙，辣椒酱1大匙，白糖1/2大匙，淀粉少许，开水100毫升

### 🍳 做法
蒜和红辣椒洗净后，沥干水分，切成碎末状，加入葱末和材料B混合搅拌均匀后倒入锅中，以小火煮约1分钟至浓稠状即可。

# 肉粽蘸酱

用途：可用于蘸食肉粽和各式米食制品。

### 🍲 材料
Ⓐ 海山酱5大匙，甜辣酱5大匙，壶底油2大匙，白糖1.5大匙，大米粉2大匙，水1杯　Ⓑ 香油1大匙，树子咸冬瓜酱2大匙，淀粉1大匙，胡椒粉1/2小匙，香油1大匙，酱油1小匙，米酒1大匙

### 🍳 做法
❶ 将材料A搅拌均匀，以小火煮滚即可熄火。
❷ 待煮滚的材料冷却后，加入材料B即可。

# PART 5

## 腌酱

用自己喜欢的酱料腌渍肉类、海鲜，入味后再下锅烹饪，不但方便快捷，吃起来口感也更滑嫩多汁，美味加倍。

# 三种常见腌法

## 水嫩多汁的**湿腌法**

利用水分较多的酱汁将味道渗透到肉的纤维中，让成品菜色够味又鲜嫩多汁。

### 示范菜品：**烤肉串**

烤肉时，除了会在过程中为所烤的食材涂上咸香甘甜等不同口味的烤肉酱外，肉类通常都会先经过腌渍，让肉浸在腌汁中吸收腌汁的美味，烤起来才不会太干涩，尝起的口感更是美味。

### 保存方法

腌料拌匀在一起成为的腌酱汁，腌肉或是鲜鱼时，通常会存放在冰箱的冷藏室中冷藏，如果食材都烹煮完的话，酱汁最好就不要了。因为在腌时，大多属于生鲜的食材，考虑到卫生和健康因素，食材烹煮完毕后多余酱汁须丢弃。

# 够味不抢风采的**干腌法**

干腌法通常以干粉、辛香料以及调料来混合，加上些许水分，腌好的肉类够味又不会抢走食材本身的滋味。

### 示范菜品：**五香炸肉排**

具有中药特殊香气的五香粉，用来腌肉排会产生一股浓郁的香味，同时又能保有肉排本身的滋味。

**保存方法**

干腌法所调匀出来的腌料，大多比较少也比较干，多于烹调时就使用完毕，但若有食材已蘸了腌料而烹煮不完的话，最好以干净的袋子或是盘子密封好，放入冰箱冷藏室冷藏，并且尽快烹煮完毕。

# 别具风味的**酱腌法**

酱腌的方式，除了能保存食材的美味外，在烹饪的过程中更能利用酱腌的香味提升食材的美味。

### 示范菜品：**日式味噌肉**

酱腌的方式，虽然会让食材的口味重一点，但是经过适当的事先处理，例如先洗去酱料等方式，可以让食材与跟酱腌的材料发挥相得益彰的作用。

**保存方法**

酱腌的盐分已经相当足够，通常在让食材均匀涂抹上腌酱后，放入密封盒中密封，置入冰箱的冷藏室，保存时间就可以比较久，但是尽快烹调完会比较好，如未使用完毕也没碰到水分，就可再放入同样的食材继续腌渍。

# 红糟酱

用途：除了可用于腌猪肉外，用来腌鸡肉、鸭肉、鸡爪、鸡心等也很合适。

## 📋 材料

| | |
|---|---|
| 长糯米 | 600克 |
| 红曲 | 150克 |
| 白曲 | 3克 |
| 凉开水 | 600毫升 |
| 米酒 | 100毫升 |
| 盐 | 3大匙 |
| 白糖 | 1/2大匙 |

## 📖 做法

1. 取一内锅，将长糯米洗净，加入450毫升水（分量外），放入电饭锅中，外锅加入1杯水（分量外），按下开关，煮至开关跳起。

2. 取出煮好的糯米饭、挖松，倒入平盘中摊平散热，放凉备用。

3. 将白曲切碎、按压成粉末状，取3克备用。

4. 取一钢盆，装入红曲与做法3的白曲粉，再倒入600毫升凉开水搅拌均匀。

5. 于钢盆中加入放凉的糯米饭搅拌均匀，再加入米酒拌匀，放置浸泡约10分钟，待糯米饭上色后，装入玻璃瓶中，盖上瓶盖密封，放在阴凉处保存。

6. 待放置约第7天时，打开瓶盖搅拌均匀，再次盖上盖子，密封保存至约第15天时，再过滤出汁液（即为红露酒），并将渣加入盐与白糖搅拌均匀，即为红糟酱，可冷藏保存约1年。

# 红糟肉

## 材料

| | |
|---|---|
| 五花肉 | 600克 |
| 姜末 | 5克 |
| 蒜末 | 5克 |
| 蛋黄 | 1个 |
| 小黄瓜片 | 适量 |

## 调料

**A**

| | |
|---|---|
| 酱油 | 1小匙 |
| 盐 | 少许 |
| 米酒 | 1小匙 |
| 白糖 | 1小匙 |
| 胡椒粉 | 少许 |
| 五香粉 | 少许 |
| 地瓜粉 | 适量 |

**B**

| | |
|---|---|
| 红糟酱 | 100克 |

## 做法

1. 五花肉洗净、沥干水分，加入姜末、蒜末和所有调料A拌匀，再用红糟酱抹匀五花肉表面，即为红糟肉。

2. 将红糟肉封上保鲜膜，放入冰箱中，冷藏约24小时，待入味备用。

3. 取出红糟肉，撕去保鲜膜，用手将肉表面多余的红糟酱刮除，再蘸上打散的蛋黄，接着均匀蘸裹上地瓜粉，放置约5分钟，待吸收汁液备用。

4. 热油锅，待油温烧热至约150℃时，放入裹粉的红糟肉，用小火慢慢炸，炸至快熟时，转大火略炸逼出油分，再捞起沥干油。

5. 待凉后，切片，食用时搭配小黄瓜片增味即可。

# 咕咾肉腌酱

用途：可用于腌渍咕咾肉。

**材料**
小苏打粉1/2小匙，嫩精1/2小匙，香蒜粉1/2小匙，淀粉1/4小匙，白糖1/4小匙，盐1/2小匙，鸡蛋1个（打散）

**做法**
将所有材料混合拌匀后，即为咕咾肉腌酱。

# 咕咾肉

**材料**
梅花肉300克，菠萝丁5克

**调料**
白醋3大匙，白糖2大匙，西红柿汁1大匙，米酒1大匙，咕咾肉腌酱适量，淀粉适量

**做法**
1 梅花肉洗净并切片状备用。
2 将梅花肉片放入咕咾肉腌酱内腌约10分钟后，均匀地蘸裹上淀粉，备用。
3 热一锅，放入约800毫升油，待油烧热至80℃后，将裹粉的梅花肉片放入锅中炸熟，捞出沥干油分备用。
4 锅中留下些许油，将所有调料放入锅中煮匀后，再将梅花肉片及菠萝丁放入锅中拌匀即可。

示范菜谱

# 台式沙茶腌酱

用途：适合用于烤海鲜或是口味浓郁的食材，除了烧烤之外，用来当火锅蘸酱或是热炒酱料也都非常合适。

**材料**
沙茶酱60克，蒜30克，酱油50毫升，白糖20克，米酒15毫升，黑胡椒粉3克

**做法**
❶ 蒜剁成泥状备用。
❷ 将剩余所有材料与蒜泥混合拌匀即可。

---

# 沙茶羊小排

示范菜谱

**材料**
羊小排4片

**调料**
台式沙茶腌酱适量

**做法**
❶ 羊小排洗净沥干，以台式沙茶腌酱腌4小时以上备用。
❷ 将羊小排平铺于网架上，以中小火烤约8分钟，并适时翻面让两面都呈稍微焦香状态即可。

# 芝麻腌酱

用途：可用于腌鱼，如喜相逢等。

## 材料
芝麻酱1大匙，米酒1小匙，味淋2大匙，酱油1小匙，姜汁1小匙

## 做法
将所有的材料混合均匀即为芝麻腌酱。

示范菜谱

# 酥炸芝麻喜相逢

## 材料
喜相逢鱼200克，生菜叶适量，地瓜粉1大匙

## 调料
芝麻腌酱适量

## 做法
1. 将喜相逢鱼去腮洗净后，加入芝麻腌酱腌约10分钟，再加入地瓜粉拌匀备用。

2. 热锅，倒入稍多的油，待油温热至约150℃，将裹粉的喜相逢鱼一尾一尾放入锅中炸熟至表面金黄。

3. 取出喜相逢鱼沥油，放在铺有生菜叶的盘中即可。

# 中式猪排腌酱

用途：可以当作烤肉腌酱。

🍴 **材料**
盐1/2小匙，白糖1/2小匙，水100毫升，米酒1大匙，嫩精1/2小匙，香蒜粉1/2小匙，香油1大匙，淀粉1大匙，姜片适量，葱段适量

🍴 **做法**
将所有材料混合拌匀后，即为中式猪排腌酱。

# 卤排骨腌酱

用途：可用于腌肉或排骨等。

🍴 **材料**
葱1根，姜片2片，八角1粒，酱油1大匙，白糖1小匙，米酒1大匙，淀粉1大匙，水1000毫升

🍴 **做法**
将所有材料混合均匀即为卤排骨腌酱。

# 姜汁腌酱

用途：可用于腌鱼排，如旗鱼等。

🍴 **材料**
姜汁1大匙，米酒1小匙，白糖1小匙，葱末1大匙，蒜末1/4大匙

🍴 **做法**
将所有材料混合均匀即可。

# 五香腌酱

用途：可用来腌肉或腌鸡排，再做酥炸类菜品。

### 材料
鸡蛋1个（打散），盐1小匙，白糖1/2小匙，五香粉1小匙，白胡椒粉1/2小匙，淀粉1小匙，酱油1/2小匙，米酒1大匙

### 做法
将所有材料混合均匀即为五香腌酱。

# 五香腐乳腌酱

用途：可用于腌鸡排、鸡翅等肉类。

### 材料
红糖腐乳60克，五香粉2克，蚝油20毫升，蒜30克，白糖15克，米酒10毫升

### 做法
将所有材料一起放入果汁机内打成泥即可。

# 腐乳腌酱

用途：可用于腌鸡排、鸡翅等肉类。

### 材料
红腐乳60克，米酒10毫升，白糖1小匙，鸡精1/2小匙，蚝油1大匙，姜末5克，小苏打1/4小匙，水50毫升，蒜末20克

### 做法
将所有材料放入果汁机内搅打约30秒混合均匀即可。

# 香蒜汁

用途：适用于腌炸物、烧烤肉类。

### 材料
蒜200克，红葱头50克，凉开水200毫升

### 调料
盐1.5茶匙，白糖1茶匙，米酒50毫升

### 做法
将蒜、红葱头洗净，加凉开水一起放入果汁机中打成汁，再加入所有调料调匀即可。

# 菠萝腌肉酱

用途：适合作为烤肉腌酱用，味道不浓，烧烤后的食物可另外涂酱或蘸酱食用。

### 材料
菠萝50克，酱油25克，葱20克，姜5克，白糖20克

### 做法
1. 姜洗净切小块；葱洗净；菠萝去皮去心，洗净切块备用。
2. 将姜块、菠萝块及其余材料一起放入果汁机内打成泥即可。

# 酸奶咖喱腌酱

用途：除了适合做烧烤，也可以把肉类腌渍后，做成红烧菜。

### 材料
咖喱粉4克，酸奶80毫升，洋葱30克，蒜10克，白糖10克，盐3克

### 做法
1. 洋葱洗净去皮，切小块备用。
2. 将洋葱块及其余材料一起放入果汁机内打成泥即可。

# 辣虾腌酱

用途: 适合烧烤海鲜或肉类, 味道接近南洋风味。

### 材料
虾酱20克, 辣椒酱60克, 香茅粉2克, 蒜泥30克, 白糖10克, 米酒15毫升

### 做法
将所有材料一起混合拌匀即可。

# 味噌腌酱

用途: 可作为烧烤腌酱, 味道上接近日式口味, 烧烤后食物不需再蘸酱就很入味。

### 材料
味噌300克, 白糖100克, 酱油60毫升, 米酒20毫升, 姜末40克, 甘草粉3克

### 做法
1 将所有腌料搅拌均匀。
2 将拌匀的酱料放置冰箱冷藏, 使用时再取出即可。

# 柱侯蒜味腌酱

用途: 常用来作为中式烤叉烧、烤排骨的腌酱。

### 材料
柱侯酱60克, 蒜末35克, 姜汁10毫升, 白糖15克, 米酒10毫升, 水25毫升

### 做法
将所有材料一起混合拌匀即可。

# 蒜香咖喱腌酱

用途：适合作为酥炸猪肉排的腌酱，使肉类酱色更深，更容易炸出美丽的金黄色泽。

### 材料
蒜泥50克，洋葱泥30克，姜泥30克，咖喱粉5大匙，红辣椒粉2克，蚝油4大匙，白糖1大匙，米酒2大匙，水100毫升

### 做法
将所有材料混合均匀，即为蒜香咖喱腌酱。

示范菜谱

# 咖喱炸猪排

### 材料
猪肉排2片（约240克）

### 调料
蒜香咖喱腌酱2大匙，地瓜粉100克

### 做法
1. 猪肉排用肉槌拍松后切断筋膜，放入大碗中，加入蒜香咖喱酱拌匀腌渍10分钟。
2. 将腌好的猪肉排取出，均匀地以按压方式蘸裹上地瓜粉。
3. 将蘸好地瓜粉的肉排静置约1分钟返潮。
4. 热一油锅，待油温烧热至约180℃时，放入猪肉排以小火炸约5分钟，至表皮金黄酥脆时，捞出沥干油即可。

# 韩式腌酱

用途：韩式辣酱特有的鲜香味，很适合作为猪肉、牛肉、羊肉的腌酱，腌入味后热炒、烧烤都很适合。

### 材料
苹果1个，水梨1个，葱末20克，姜末10克，蒜末20克，韩国红辣椒酱150克，酱油50毫升，白糖50克

### 做法
将所有材料放入食物调理机中打碎拌均，即为韩式腌酱。

---

示范菜谱

# 韩式炒肉片

### 材料
五花火锅肉片200克，洋葱丝100克，蒜末30克，生菜叶8片

### 调料
韩式腌酱3大匙，米酒1大匙，水2大匙，香油1大匙

### 做法
1. 韩式腌酱、米酒及水拌匀，放入五花火锅肉片拌匀，再加入香油略拌，腌渍5分钟备用。
2. 热锅，倒入少许油，放入洋葱丝略爆香炒匀，再将做法1腌好的肉片下锅炒至松散，小火炒至汤汁收干即可取出装盘。
3. 可用生菜叶包卷做法2的肉片一起食用。

# 梅汁腌酱

用途：用来腌海鲜类或肉类皆可。

**材料**
紫苏梅酱1大匙，米酒1/2小匙

**做法**
将紫苏梅酱与米酒混合均匀
即为梅汁腌酱。

# 梅汁炸鲜虾

示范菜谱

**材料**
草虾8只，鸡蛋1个，面粉2大匙，白芝
麻2大匙

**调料**
梅汁腌酱适量

**做法**
1. 草虾去头及壳，保留尾巴，洗净
   备用。
2. 将梅汁腌酱放入做法1的草虾中，
   拌匀腌约5分钟备用。
3. 鸡蛋与面粉拌匀成面糊，将做
   法2的草虾均匀蘸裹上面糊。
4. 再将做法3的草虾均匀蘸上白
   芝麻。
5. 热锅，倒入稍多的油，待油温加
   热至150℃，放入做法4的草虾，
   以中火炸至表面金黄且熟即可。

# 香柠腌酱

用途：柠檬可以去腥提味，适用于腌肉或腌海鲜。

### 材料
紫苏梅酱1大匙，柠檬1颗，白糖1小匙，盐1/4小匙，小苏打1/4小匙，水30毫升，米酒1大匙

### 做法
❶ 柠檬洗净压汁备用。

❷ 将其余材料放入果汁机内搅打30秒，再与柠檬汁混合即为香柠腌酱。

# 香柠鸡排

### 材料
鸡胸肉1/2块，炸鸡排粉100克

### 调料
香柠腌酱适量，胡椒盐适量

### 做法
❶ 鸡胸肉洗净后去皮、去骨，横剖到底成一片蝴蝶状的肉片（不要切断），备用。

❷ 将做法1的鸡排放入香柠腌酱腌渍约30分钟，捞起、沥干。

❸ 取做法2的鸡排，以按压的方式均匀蘸裹炸鸡排粉备用。

❹ 热油锅，待油温烧热至150℃时，放入做法3的鸡排炸约2分钟，至鸡排表皮酥脆且呈现金黄色时，捞起沥油即可。

示范菜谱

# 葱味腌酱

用途：可用于腌鱼，如白鲳鱼等。

**材料**
葱末1大匙，酱油1小匙，白糖1/4小匙，姜泥1/4小匙，米酒1/4小匙，番茄酱1大匙

**做法**
将所有食材混合均匀即为葱味腌酱。

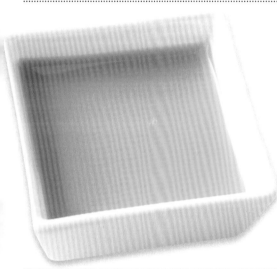

# 橙汁腌酱

用途：适用于腌肉或腌海鲜。

**材料**
柳橙汁2大匙，橄榄油1大匙，蒜末1小匙，白酒1大匙，盐1/4小匙

**做法**
将所有材料混合均匀即可。

# 脆麻炸香鱼腌酱

用途：可用来炒螃蟹等海鲜。

**材料**
南乳1/2小块，面粉1小匙，白糖1大匙，香油1小匙，胡椒粉1小匙，麻辣辣椒酱300克，小苏打1小匙，水2大匙

**做法**
❶ 将南乳用少许水调成糊状，小苏打加入水调匀备用。
❷ 接着将其他材料拌匀，然后加入做法1准备好的材料拌匀即可。

# 酸甜汁

用途：适合腌渍花枝、鸭舌、鸡肫等腥味较重的食材。

**材料**
醋150毫升，水50毫升，盐1小匙，白糖100克

**做法**
将所有材料一起煮，至糖完全溶化后放凉即可。

注：可依菜色添加适量的姜丝。

# 香葱米酒酱

用途：可用于腌渍鲜虾等海鲜。

**材料**
米酒100毫升，盐少许，白胡椒粉少许，姜5克，红辣椒1个，葱1根

**做法**
① 将姜、红辣椒、葱都洗净切成段状备用。
② 将做法1的材料和其余材料混合均匀即可。

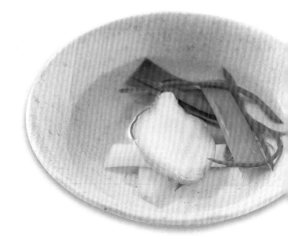

# 咸酱油

用途：可用于腌蚬仔、牡蛎等海鲜。

**材料**
蒜3瓣，姜7克，红辣椒1个，酱油3大匙，白糖1大匙，鸡精1小匙，香油1大匙，凉开水3大匙

**做法**
① 蒜洗净切片，姜洗净切丝，红辣椒洗净切片备用。
② 将做法1的材料加入其余材料混合拌匀即可。

# 金橘腌酱

用途：适合用来腌肉或腌排骨。

**材料**
金橘汁2大匙，白糖1小匙，盐1/4小匙

**做法**
将所有的材料混合均匀即为金橘腌酱。

料理贴士

　　新鲜金橘中的酸味成分，经过腌渍的过程，会增加肉质的弹性，且酸味能中和肉菜的油腻感。

# 金橘排骨

**材料**
排骨400克，洋葱片20克，皇帝豆20克，胡萝卜片2克，高汤300毫升

**调料**
金橘腌酱适量

**做法**

① 排骨洗净，加入金橘腌酱腌约10分钟备用。

② 将皇帝豆与胡萝卜片分别放入沸水中烫熟，捞起沥干备用。

③ 将做法1的排骨、金橘腌酱和高汤一起入锅，以小火熬煮约20分钟至熟。

④ 最后加入洋葱片及做法2的皇帝豆、胡萝卜片拌匀即可。

示范菜谱

# 西红柿柠檬腌酱

用途：可用于腌海鲜类。

## 材料

盐1/4小匙，西红柿末2大匙，橄榄油1小匙，蒜末1/4小匙，柠檬汁1大匙，香菜末1/4小匙，黑胡椒末1/4小匙

## 做法

将所有材料混合均匀即为西红柿柠檬腌酱。

示范菜谱

# 西红柿柠檬鲜虾

## 材料

泰国虾300克，香菜适量

## 调料

西红柿柠檬腌酱适量

## 做法

❶ 将泰国虾的背部划开但不切断，再洗净。

❷ 将泰国虾加入西红柿柠檬虾腌酱拌匀，腌约10分钟备用。

❸ 热锅，倒入少许的油，放入腌好的泰国虾及西红柿柠檬虾腌酱，以大火炒至虾熟透。

❹ 盛盘，再放上香菜即可。

**料理贴士**　香菜和柠檬都有很好的去腥效果，且香味淡雅，也不会抢去食材的风采，所以很适合搭配气味清淡的海鲜美味。

# 黄豆腌酱

用途：可用来腌渍海鲜或肉类，腌完后可烧烤。

**材料**
黄豆酱50克，酱油60毫升，蒜30克，姜10克，白糖15克，米酒10毫升

**做法**
将所有材料一起放入果汁机内打匀即可。

# 野香腌酱

用途：最适合肉串类，腌过直接烤不需蘸酱就很入味。

**材料**
胡荽粉1/4茶匙，丁香粉1/6茶匙，香芹粉1/2茶匙，黑胡椒1克，蒜12克，酱油30毫升，白糖12克

**做法**
将所有材料一起放入果汁机内打成泥即可。

# 蒜味腌肉酱

用途：适合腌渍像羊肉这种腥味比较重的肉类。将肉用此酱汁腌入味，烤熟后就不必再涂其他酱汁了，可以直接食用。

**材料**
蒜100克，烤肉酱100毫升，沙茶酱1大匙，白糖1茶匙，黑胡椒粉(粒)1茶匙，酱油200毫升，米酒1大匙，水40毫升

**做法**
将所有材料放入果汁机打成酱汁即可。

# 香橙酸奶蘸酱

用途：属于排餐类的酱汁，对于海鲜也很适合。

### 🍴 材料
酸奶200毫升，橙子2个，玉米粉水2小匙，白糖少许，盐1/2茶匙

### 🍴 做法
1 将橙子洗净压汁，橙子皮切碎。
2 橙子汁放入锅中煮开后转中火，放入切碎的橙子皮，以糖、盐调味，再倒入酸奶，最后用玉米粉水勾芡即可。

示范菜谱

# 吉利炸羊排

### 🍴 材料
羊肩排3块，起司片1片，鸡蛋1个（打散），面包粉5大匙，面粉2大匙，芹菜碎2茶匙，起司粉1大匙

### 🍴 调料
迷迭香1/4茶匙，盐适量，黑胡椒粗粉少许，香橙酸奶蘸酱少许

### 🍴 做法
1 羊肩排洗净，撒上盐与黑胡椒腌渍备用。
2 起司粉、芹菜碎、迷迭香、切碎的起司片和面包粉一起拌匀备用。
3 腌好的羊肩排先依序蘸上面粉、蛋液，再裹上做法2，放入油温为170℃的油锅中炸至两面呈金黄色，将炸好的羊肩排摆盘，附上蘸酱即可。

# 茴香腌肉酱

用途：适合烧烤肉类，羊肉更适合。

**材料**

茴香7克，姜汁10克，酱油60毫升，辣椒粉3克，蒜泥25克，白糖10克，米酒15毫升

**做法**

将所有材料混合拌匀即为茴香腌肉酱。

# 茴香烤猪排

示范菜谱

**材料**

猪里脊肉200克

**调料**

茴香腌肉酱40毫升

**做法**

① 猪里脊肉洗净，切成厚约1厘米的猪里脊排2片，备用。

② 将做法1的猪里脊排放入碗中，加入茴香腌肉酱抓拌均匀，腌渍约20分钟。

③ 备一升好火的烤肉架，将做法2的猪里脊排平铺于网架上，不断翻面至猪里脊排烤熟即可。

# 小黄瓜味噌腌酱

用途：腌渍约1天即可取出，小黄瓜、白萝卜、大头菜等根茎类蔬菜皆可应用。

### 材料
味噌300克，酱油1小匙，米酒60毫升，味淋1大匙，白糖144克

### 做法
将所有材料混合拌均匀即可。

---

# 泡菜腌酱

用途：一般用来腌渍蔬菜用，例如山东大白菜或萝卜。

### 材料
辣椒粉（中粗）2.5大匙，辣椒粉2.5大匙，红辣椒1个，鱼露3.5大匙，盐1小匙，姜汁1/2大匙，蒜泥1.5大匙

### 做法
红辣椒洗净切末，与其余材料混合拌均匀即可。

注：在腌渍材料时，可加入胡萝卜、白萝卜、葱一起混合腌渍，增添色彩和口感。

---

# 泰式辣味鸡酱

用途：除了做腌酱外，也适合做糖醋类菜品，如糖醋鱼。

### 材料
红辣椒粉2大匙，红辣椒2个，水200毫升，鱼露1大匙，白糖2大匙，水淀粉少许

### 做法
1. 将红辣椒洗净切碎。
2. 将水倒入炒锅中加热煮沸，放入红辣椒粉、碎辣椒、鱼露、白糖，煮滚后，用水淀粉勾芡即可。

# 煎饼蘸酱

用途：可用于火锅蘸酱、生鲜海鲜拌酱、各式淋酱等。

## 材料

**A** 韩式辣椒酱100克，醋50毫升，柠檬汁1大匙，白糖1大匙，蒜泥1小匙 **B** 葱末2大匙，芝麻油1大匙，熟白芝麻1大匙

## 做法

将材料A混合拌均匀后，加入材料B拌匀即可。

---

示范菜谱

# 海鲜煎饼

## 材料

鲜虾8只，樱花虾30克，葱2根，低筋面粉100克，鸡蛋1个，米粉30克

## 调料

水260毫升，盐少许，煎饼蘸酱适量

## 做法

1. 鸡蛋打散，加入低筋面粉、米粉、水、盐调拌均匀，用手舀起呈现自然滴落状态的面糊。

2. 葱洗净切小段；虾剥壳，去头、去肠泥洗净，取少许酱油（材料外）略腌，与面糊、葱段拌合。

3. 热锅，涂上一层色拉油，取做法2适量倒入锅中，煎至双面金黄即可。食用时，蘸取煎饼蘸酱享用。

# 韩国火锅蘸酱

用途：可作为韩国火锅蘸料或搭配酱油做涮肉片的蘸料。

**材料**
葱末1大匙，姜末1小匙，鸡蛋1个

**做法**
鸡蛋取蛋黄放入碗中，加入葱末和姜末拌匀即可。

# 韩国烤肉火锅

**材料**
A 沙朗牛肉片300克 B 金茸少许，大白菜200克，豆腐1块(切4小块)，丸子任选，香菇2朵 C 辣泡菜1盘

**调料**
A 酱油1小匙，白糖1小匙，生辣椒少许 B 高汤3杯 C 盐1小匙，柴鱼粉1小匙 D 韩国火锅蘸酱

**做法**
1. 先将材料A加上调料A拌匀腌渍15分钟。
2. 将材料B洗净，大白菜、豆腐切块排在韩国烤肉锅上，加入调料B及C，用火加热。
3. 将沙朗牛肉片一片片排在半弧锅面，两面烤熟即可食用，烤肉汁会流入汤汁内，越煮会越好吃，汤鲜味美。配上韩国辣味泡菜口味更是地道。食用时，可蘸取韩国火锅蘸料食用。

注：如没有韩国烤肉锅，可用平底锅先将牛肉煎熟，取出备用，后加入材料B煮熟即可。

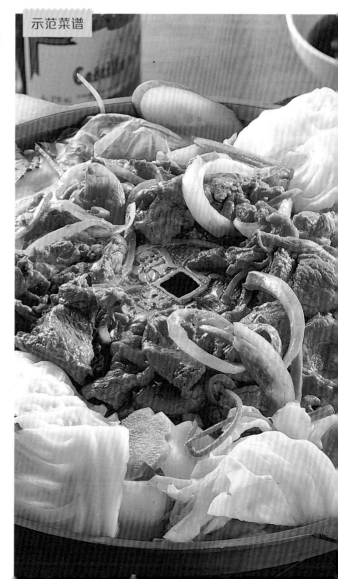

示范菜谱

# 猪排蘸酱汁

用途：可作为蛋包、什锦煎饼、章鱼烧的蘸酱或日式炒面的调味酱。

### 📋 材料

Ⓐ 柴鱼高汤50毫升，陈醋100毫升，番茄酱50克，辣椒酱1大匙，苹果汁25毫升 Ⓑ 玉米粉适量，水适量 Ⓒ 酱油适量

### 📋 做法

❶ 玉米粉与水调溶备用。

❷ 辣椒酱先过滤，取其汁液，与其余材料A用小火煮开，再慢慢加入将玉米粉水，调成流动之稠状，最后加入酱油调色即可。

---

示范菜谱

# 日式炸猪排

### 📋 材料

大里脊2片（每片约60克），圆白菜1/4棵，西红柿适量，低筋面粉适量，蛋液适量

### 📋 调料

盐少许，胡椒粉少许，面包粉适量，猪排蘸酱汁适量

### 📋 做法

❶ 圆白菜洗净切细丝，泡冰水使其鲜翠爽口，备用。

❷ 将大里脊带筋部份用刀划开，表面撒上少许盐和胡椒粉，静置15分钟。

❸ 大里脊依序蘸上低筋面粉、蛋汁、面包粉，放入油温为170℃的油锅中炸至酥黄，捞起沥干油分后，切块盛盘，放入圆白菜丝、西红柿，搭配猪排蘸酱一同享用。

注：用刀划开大里脊带筋的部分，可防止肉片在油炸时收缩。

# 五香汁

用途：适合用于腌烤、炸肉类。

### 材料

Ⓐ 葱1根，姜50克，香菜10克，水300毫升，蒜10克 Ⓑ 八角4粒，花椒5克，桂皮12克，小茴香5克，丁香5克 Ⓒ 盐1茶匙，酱油1茶匙，白糖1大匙，米酒50毫升

### 做法

❶ 将所有材料B洗净后，浸泡在300毫升水中约20分钟。

❷ 取一锅，将做法1连同水一起放入锅中，以小火煮约15分钟后，熄火过滤放凉。

❸ 将姜、葱、香菜、蒜洗净，用刀拍烂后，加入做法2的药汁，再一起放入果汁机打汁并过滤出渣滓。

❹ 在做法3中加入材料C拌匀即可。

# 辣味芥末腌酱

用途：可用来腌渍肉类，腌完后可烤可炸。

### 材料

盐1/4小匙，白糖1/2小匙，蒜末1/2小匙，米酒1大匙，橄榄油1/2小匙，辣椒末1/2小匙，黄芥末酱1大匙

### 做法

将所有材料混合拌均匀即可。